理工数学シリーズ

回帰分析

データサイエンスの基礎

村上雅人
井上和朗
小林忍

飛翔舎

はじめに

現在、**データ駆動型社会** (Data driven society) の構築が重要視されている。なにか物事を議論するときに、現状分析が重要である。その認識が異なれば、建設的な議論などできないからである。その際、信頼性のある共通データを基礎とすることが大切である。政府が政策を決定する際にも、客観的データをもとに判断することが重要である。

このような背景から、大学においては、**データサイエンス** (Data Science) を基盤知識として必修科目に据えるところも増えている。

デジタル技術の進展により、大量のデータが集められるようになった。しかし、データはあるだけでは何の意味も持たない。データサイエンスとは、大量のデータを解析して、意味のある情報や法則、関連性を導く手法を学ぶ学問である。

データ解析には多くの手法があるが、**回帰分析** (regression analysis) は、その基本のひとつである。まず、データになんらかの規則性があるかどうかの検証は重要である。それでは、2 組のデータ (x, y) があり、それらの間の関係を定量的に調べるにはどうしたらよいであろうか。その第一歩は、2 変数間に相関があるかどうかを調べることである。この指標として**相関係数** (correlation coefficients) を利用する。本書では、その導出方法と意味を学ぶ。

つぎに、これら変数の関係を

$$y = ax + b$$

という 1 次式で近似することである。

この直線を回帰直線と呼んでいる。また、x を独立変数（説明変数）、y を従属変数（目的変数）と呼ぶ。 英語では、independent variable (explanatory variable) と dependent variable (response variable) となる。

この際、回帰係数 a と定数項 b のフィッティングに用いるのが、**最小 2 乗法** (least square method) である。この手法は、実際のデータと回帰直線から与えられる値の誤差の 2 乗が最小になるように a ならびに b を求めるものである。つまり、これらを変数として、偏微分係数が 0 という条件から値が得られる。

もちろん、2 組のデータが直線では近似できない場合もある。この場合は、2 次式や指数関数などが使われる。このときのフィッティングは曲線となるので、**回帰曲線** (regression curves) と呼んでいる。ただし、基本的な考えは 1 次式の場合とまったく同様である。

実は、回帰分析は、現在注目を集めている**人工知能** (artificial intelligence : AI) の基本でもある。**機械学習** (machine learning) という手法では、回帰分析を行い、回帰式のベストフィッティングを求める。いったん、2 変数の関係が数式で与えられれば、データ範囲外の予測、たとえば、未来予測などが可能となる。これが、AI の強力な武器となる。

ところで、回帰式の信頼性はどうなのであろうか。当然、データをもとに求めているので、データ数や分布などによって信頼度は異なるはずである。もし信頼度が低ければ、その式を使うのは得策ではない。これを検証するために、統計学の知識が必要となる。

本書では、統計の基礎となる**正規分布** (normal distribution) の特徴を振り返った後で、統計において重要な**推測統計** (statistical estimate) と**統計検定** (statistical testing) の手法を学び、相関係数ならびに回帰式の回帰係数、定数項の統計的解析に適用している。その際、必要な t **分布** (Student's t distribution)、χ^2 **分布** (χ^2 distribution)、F **分布** (F distribution) について、その意味と、これら分布に対応した**確率密度関数** (probability density function) も紹介している。

ところで、世の中の事象には、ひとつの独立変数だけでなく、いろいろな変数が関係して従属変数に影響を与えていることも多い。よって回帰式の変数の数も複数となる場合がある。たとえば、2 変数では、回帰式は

$$z = ax + by + c$$

となり、x と y が独立変数で、z が従属変数となる。

このように、変数が複数ある場合の分析を**重回帰分析** (multiple regression analysis) と呼んでいる。これに対し、変数が 1 個の場合を**単回帰分析** (simple regression analysis) と呼ぶこともある。

重回帰分析は、基本的には単回帰分析の延長で簡単に理解できる。ただし、その統計的検定には**分散分析** (analysis of variance) という方法を利用する。AOV と

呼ぶ場合もある。この手法についても紹介する。

いずれ、回帰分析はデータサイエンスの基本であり、AI の機械学習の基本となっている。その威力を本書を通して実感していただければ幸甚である。

2023 年　秋

著者　村上雅人、井上和朗、小林忍

もくじ

第 1 章　データの相関

現在、**データサイエンス** (data science) が大きな注目を集めており、政府も、データ駆動型社会を目指すと宣言している。このため、大学においては、理系だけでなく、文系においてもデータサイエンスを必修化しようという動きもある。

いまでは、インターネットやデジタル技術の進展により、大量のデータが集められるようになった。しかし、データはあるだけでは何の意味も持たない。データサイエンスとは、大量のデータを解析して、意味のある情報や法則、関連性を導く手法を学ぶ学問である。

データ解析には多くの手法があるが、データになんらかの規則性があるかどうかの検証は重要である。それでは、2 組のデータがあり、それらの間に相関があるかないかを定量的に調べるにはどうしたらよいであろうか。一般的な解析においては、2 組のデータをグラフにプロットして、自分の目で確認することが第一歩である。その後、統計の手法を使っていろいろな検証を行う。本章では、その基本を紹介する。

1. 1.　データ間の相関

2 組のデータがあったときに、それを (x, y) という座標として x 軸および y 軸からなる 2 **次元平面** (two dimensional plane) にプロットする。両者に**相関** (correlation) がある場合には、なんらかの傾向が見えるはずである。

たとえば、ひとの体重 [kg] と身長 [cm] に関するデータを調べれば、おおよそ身長が高いひとほど体重も重いという結果が得られると予想される。

ここで、あるクラスの生徒の身長と体重のデータを使って、相関関係について調べてみよう。表 1-1 にデータを示す。

表 1-1　あるクラスの生徒の身長 [cm] と体重 [kg] のデータ

生徒	A	B	C	D	E	F	G	H	I	J
身長	150	165	155	170	155	145	175	160	165	140
体重	45	55	50	50	55	40	60	50	60	35

ここで、x 軸に体重、y 軸に身長をプロットしてみよう。すると図 1-1 のようになる。このような図を**相関図** (correlation diagram) あるいは**散布図** (scatter diagram) と呼んでいる。

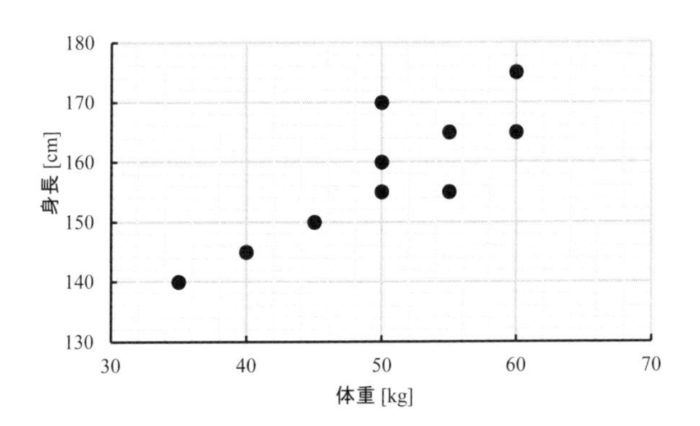

図 1-1　クラスの生徒の身長 [cm] と体重 [kg] の相関図

もし、これら変数に何の関係もなければ、相関図は規則性のないランダムな分布をすることになる。いまの場合は明らかに、身長が高いひとは体重が重い傾向にあることがわかる。これを**正の相関** (positive correlation) があると呼んでいる。

しかし、相関図を見ただけでは、2 つの変数に、どの程度の相関があるのかがわからない。そこで、相関の度合いを示すパラメータを導入して、定量的に相関性を調べる必要がある。

1. 2.　共分散

それでは、具体的に相関を調べる方法を紹介しよう。ここで、相関を調べる変

数を x と y とする。データの個数が n 個あるとすると、表 1-2 のようなデータの組が与えられることになる。

表 1-2　解析データの表

i	x	y
1	x_1	y_1
2	x_2	y_2
:	:	:
i	x_i	y_i
:	:	:
n	x_n	y_n

これら n 個のデータを xy 座標に (x_i, y_i) としてプロットしたのが前節の相関図である。ここで、x と y の平均

$$\bar{x} = \frac{x_1 + x_2 + ... + x_n}{n} \qquad \bar{y} = \frac{y_1 + y_2 + ... + y_n}{n}$$

を求めたうえで

$$\sum_{i=1}^{n} (x_i - \bar{x})(y_i - \bar{y})$$

を計算する。これを**積和** (cross product) と呼んでいる。

積和をサンプル数 n で割ったものを**共分散** (covariance) と呼び S_{xy} あるいは $Cov\,[x, y]$ と表記する。つまり

$$S_{xy} = Cov\,[x, y] = \frac{1}{n}\sum_{i=1}^{n} (x_i - \bar{x})(y_i - \bar{y})$$

となる。この共分散こそが、データ間の相関を調べるときの重要な指標となっている。

具体例で解析したほうがわかりやすいので、実際の数値データを使って共分散を求めてみよう。また、データの個数に関係なく、一般的な解析手法は同様なので、ここでは、簡単化のために、$n = 3$ の場合を取り扱う。解析するデータを表 1-3 に示す。

表 1-3　2 次元データ

i	x	y
1	2	4
2	3	6
3	4	8

表 1-3 のデータセットの相関図をプロットすると、図 1-2 のようになる。

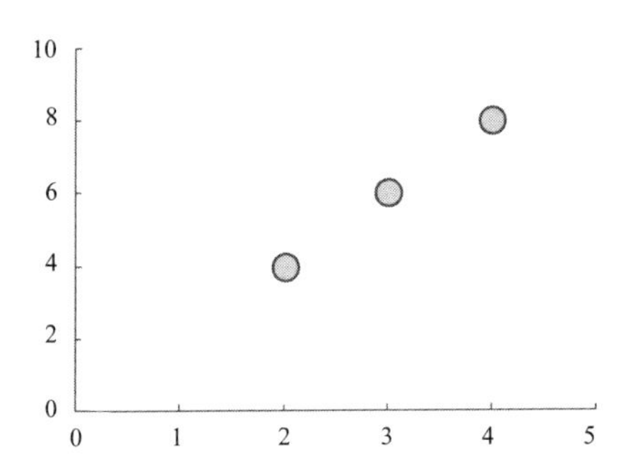

図 1-2　表 1-3 のデータに対応した相関図

この相関図からは、明らかに正の相関が見てとれるが、これを何らかの数値として示す必要がある。その指標が共分散である。

まず、解析の第一歩は、これらデータの平均値を求めることである。x, y それぞれの平均は

$$\bar{x} = \frac{2+3+4}{3} = 3 \qquad \bar{y} = \frac{4+6+8}{3} = 6$$

となる。ここで、各データの平均からの偏差を計算すると、表 1-4 のような結果が得られる。

表 1-4　偏差

i	$x_i - \bar{x}$	$y_i - \bar{y}$
1	−1	−2
2	0	0
3	+1	+2

演習 1-1　表 1-3 のデータセットの共分散の値を求めよ。

解）　表 1-3 のデータセットの積和は表 1-4 から

$$\sum_{i=1}^{n=3}(x_i - \bar{x})(y_i - \bar{y}) = (-1)\times(-2) + 0\times 0 + (+1)\times(+2) = 4$$

と与えられる。

共分散は、積和をデータ数の $n = 3$ で除した値であるから

$$S_{xy} = \frac{1}{3}\sum_{i=1}^{3}(x_i - \bar{x})(y_i - \bar{y}) = \frac{4}{3}$$

となる。

このように、いまのデータセットでは、共分散の値が正となる。これには、どういう意味があるのであろうか。実は、両変数の間に**正の相関**（positive correlation）があることを示している。その説明の前に、表 1-5 に示すような、別のデータセットの解析を行ってみよう。

表 1-5　2 次元データ

i	x	y
1	2	8
2	3	6
3	4	4

これらデータの相関図を描くと図 1-3 のようになる。

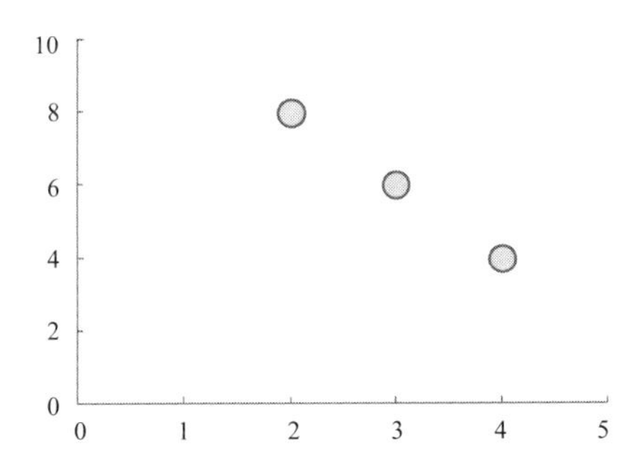

図 1-3　表 1-5 のデータに対応した相関図

この図からは、x の値が増えると、y の値が減少するという**負の相関** (negative correlation) が見てとれる。

演習 1-2　表 1-5 のデータセットの共分散の値を求めよ。

解)　まず、これらデータの平均値を求める。x, y それぞれの平均は

$$\bar{x} = 3 \qquad \bar{y} = 6$$

となるので、各データの平均からの偏差は表 1-6 のようになる。

表 1-6　データの偏差

i	$x_i - \bar{x}$	$y_i - \bar{y}$
1	-1	$+2$
2	0	0
3	$+1$	-2

よって、これらデータの積和は

$$\sum_{i=1}^{3}(x_i - \bar{x})(y_i - \bar{y}) = (-1)\times(+2) + 0\times 0 + (+1)\times(-2) = -4$$

と与えられ、共分散は

$$S_{xy} = \frac{1}{3}\sum_{i=1}^{3}(x_i - \overline{x})(y_i - \overline{y}) = -\frac{4}{3}$$

となる。

このように、表 1-5 のデータセットの場合、共分散の値が負となる。これは、x と y の間には負の相関があることを意味している。

そこで、あらためて、共分散の意味を考えてみよう。共分散の符号をグラフで整理すると、図 1-4 に示すように、x と y の平均に対応した点 $(\overline{x}, \overline{y})$ を中心として 4 つの領域に分けることができる。

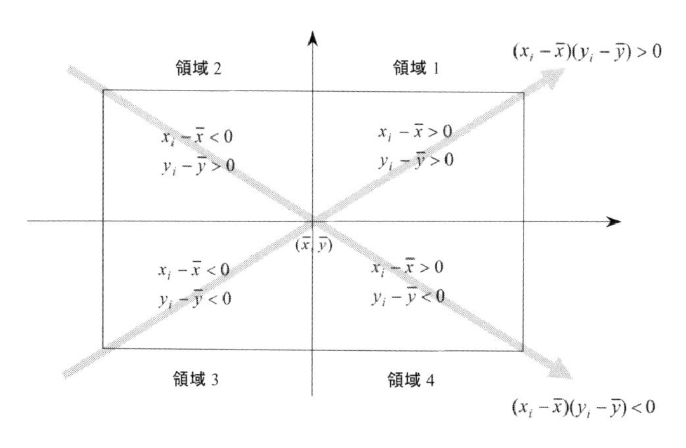

図 1-4　共分散の分類 : 正の相関と負の相関

領域 1 では

$$x_i - \overline{x} > 0,\quad y_i - \overline{y} > 0 \quad \text{であるから} \quad (x_i - \overline{x})(y_i - \overline{y}) > 0$$

領域 3 では

$$x_i - \overline{x} < 0,\quad y_i - \overline{y} < 0 \quad \text{であるから} \quad (x_i - \overline{x})(y_i - \overline{y}) > 0$$

となって、いずれも共分散が正となる。

このことから、相関図において、右上がりのラインでは共分散が正となることがわかる。つぎに、領域 2 では

$$x_i - \overline{x} < 0,\quad y_i - \overline{y} > 0 \quad \text{であるから} \quad (x_i - \overline{x})(y_i - \overline{y}) < 0$$

領域 4 では

$$x_i - \overline{x} > 0,\quad y_i - \overline{y} < 0 \quad \text{であるから} \quad (x_i - \overline{x})(y_i - \overline{y}) < 0$$

となって共分散は負となる。つまり、相関図において、右下がりのラインでは共分散が負となることがわかる。

ここで共分散の正負の符号によって 2 次元分布を分類すると次のようになる。

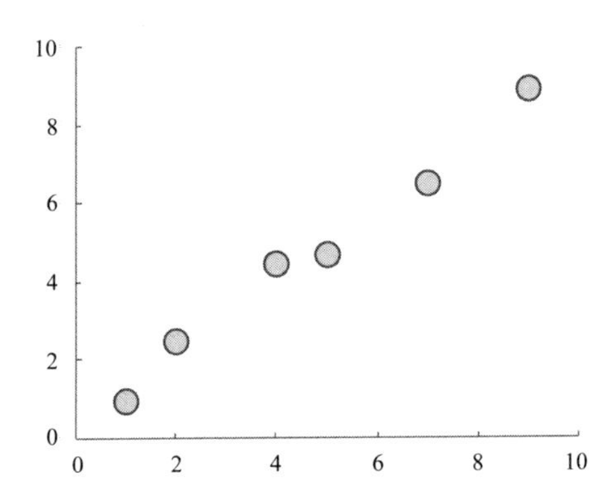

図 1-5　共分散が $S_{xy} = \frac{1}{n}\sum_{i=1}^{n}(x_i - \overline{x})(y_i - \overline{y}) > 0$ の場合の相関図

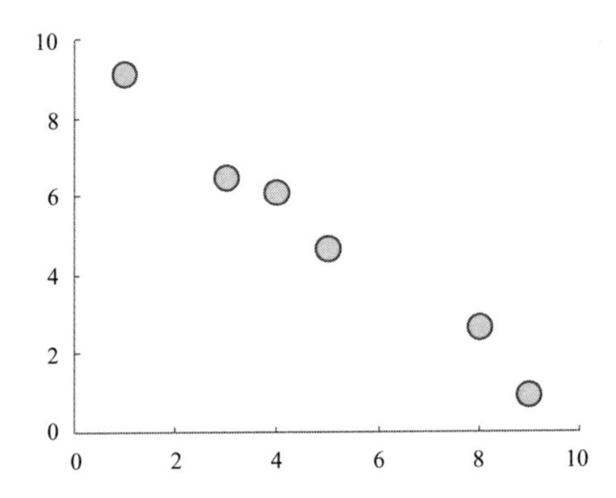

図 1-6　共分散が $S_{xy} = \frac{1}{n}\sum_{i=1}^{n}(x_i - \overline{x})(y_i - \overline{y}) < 0$ の場合の相関図

このように、共分散という指標を使えば、それが正か負かによって、2 個のデータの組に正の相関があるのか、負の相関があるのかがわかり、データ解析において強力な武器となるのである。

一方、共分散が

$$S_{xy} = \frac{1}{n}\sum_{i=1}^{n}(x_i - \bar{x})(y_i - \bar{y}) \cong 0$$

の場合には、図 1-7 に示すように、データ間に相関がないということを意味している。

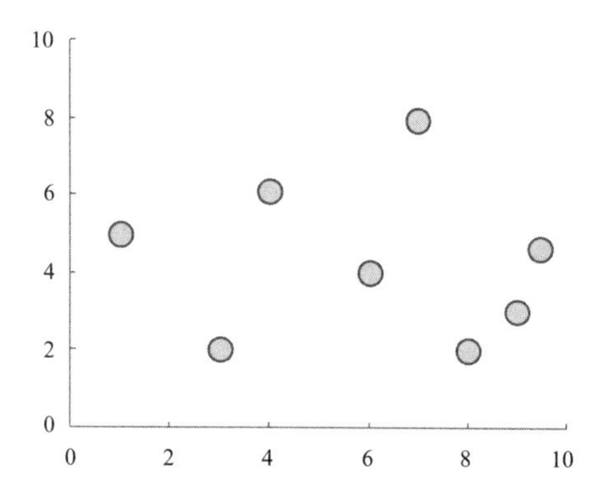

図 1-7　共分散 $S_{xy} = \frac{1}{n}\sum_{i=1}^{n}(x_i - \bar{x})(y_i - \bar{y}) \cong 0$ の場合の相関図

それでは、相関の強さはどうだろうか。正の相関があるとわかっても、その相関の度合いはデータ分布によって異なるはずである。実は、共分散の値からは、相関の強さまではわからないのである。そして、相関の度合いを判定する指標として**相関係数** (correlation coefficient) が導入されている。

1. 3.　相関係数と標準偏差

共分散の値が正か負か、ゼロに近いかによってデータ間の相関を判断することができる。ただし、この値からは、別々のデータセットの間の相関の強さを相対的に比較することができないのである。

それでは、どうすればよいのであろうか。実は、共分散を x と y の**標準偏差**: S_x および S_y で除せばよいことがわかっている。つまり

$$\textbf{相関係数} = \frac{S_{xy}}{S_x S_y}$$

というパラメータを使えば、変数の相関の強さを規格化して示すことができる。相関係数は "relation" から R_{xy} と表記する。後ほど示すように、共分散は標準偏差で除すことで規格化され

$$-1 \le R_{xy} \le 1$$

となる。このとき、その絶対値が 1 に近いほど、相関が強いということになる。つまり、相関係数が+1 に近ければ正の相関が強く、−1 に近ければ負の相関が強いということを意味している。

それでは、標準偏差とはいったい何であろうか。その定義は

$$S_x = \sqrt{\frac{1}{n}\sum_{i=1}^{n}(x_i - \bar{x})^2} \qquad S_y = \sqrt{\frac{1}{n}\sum_{i=1}^{n}(y_i - \bar{y})^2}$$

となる。成分で書けば

$$S_x = \sqrt{\frac{(x_1 - \bar{x})^2 + (x_2 - \bar{x})^2 + ... + (x_n - \bar{x})^2}{n}}$$

$$S_y = \sqrt{\frac{(y_1 - \bar{y})^2 + (y_2 - \bar{y})^2 + ... + (y_n - \bar{y})^2}{n}}$$

となり、変数が平均のまわりで、どれくらい分散しているか、つまりデータのバラツキを示す指標となっている。

たとえば、3 個のデータの組として $x = (1, 6, 11)$ と $y = (5, 5, 8)$ があったとしよう。それぞれの平均は

$$\bar{x} = \frac{1+6+11}{3} = 6 \qquad \bar{y} = \frac{5+5+8}{3} = 6$$

と同じである。

しかし、明らかにデータのばらつきは異なっている。そこで、平均からの偏差を計算すると、表 1-7 のようになる。

表 1-7　データと偏差

x	$x-\overline{x}$	y	$y-\overline{y}$
1	−5	5	−1
6	0	5	−1
11	+5	8	+2

ここで、データのバラツキの度合いを評価するために、偏差を足し合わせてみよう。すると0となる。これは、偏差の±が互いに打ち消しあうためである。そこで、偏差の**絶対値** (absolute value) の和を求めて、それをデータ数で割ってみよう。すると

$$D_x = \frac{5+0+5}{3} = \frac{10}{3} \cong 3.33 \qquad D_y = \frac{1+1+2}{3} = \frac{4}{3} \cong 1.33$$

となって、x のほうがバラツキが大きいことがわかる。この指標を**平均偏差** (mean absolute deviation) と呼んでいる。平均偏差の表式は次のようになる。

$$D_x = \frac{1}{n}\sum_{i=1}^{n}\left|x_i - \overline{x}\right| \qquad D_y = \frac{1}{n}\sum_{i=1}^{n}\left|y_i - \overline{y}\right|$$

この平均偏差によってもデータのバラツキを評価することが可能であるが、統計学的解析を考えた場合には、標準偏差のほうがはるかに有用なのである。この点については、後ほど紹介する。

演習 1-3　表 1-7 のデータセットの標準偏差を計算せよ。

解）　データの平均は $\overline{x}=6$ および $\overline{y}=6$ である。したがって、標準偏差は

$$S_x = \sqrt{\frac{(1-6)^2+(6-6)^2+(11-6)^2}{3}} = \sqrt{\frac{50}{3}} \cong 4.08$$

$$S_y = \sqrt{\frac{(5-6)^2+(5-6)^2+(8-6)^2}{3}} = \sqrt{\frac{6}{3}} = \sqrt{2} \cong 1.41$$

となる。

平均偏差が、それぞれ $D_x = 3.33$、$D_y = 1.33$ であるから値は異なるが、データ x のバラツキがデータ y よりも大きいという結果は標準偏差と整合性がとれている。

演習 1-4　表 1-7 のデータセットより、共分散ならびに相関係数を求めよ。

解）　これらデータの積和は

$$\sum_{i=1}^{3}(x_i - \bar{x})(y_i - \bar{y}) = (-5)\times(-1) + 0\times(-1) + (+5)\times(+2) = 15$$

と与えられる。よって共分散は

$$S_{xy} = \frac{1}{3}\sum_{i=1}^{3}(x_i - \bar{x})(y_i - \bar{y}) = \frac{15}{3} = 5$$

となる。つぎに、標準偏差は

$$S_x = \sqrt{\frac{50}{3}} \qquad S_y = \sqrt{2}$$

であるから、相関係数は

$$R_{xy} = \frac{S_{xy}}{S_x S_y} = 5\sqrt{\frac{3}{50}}\frac{1}{\sqrt{2}} \cong 0.87$$

となる。

このように、相関係数 R_{xy} が数値として得られ、その大きさによって相関の度合いを判断することができる。この際、明確な基準があるわけではないが、一応の目安として

$0.7 \le |R_{xy}| \le 1.0$ ならば強い相関がある

$0 \le |R_{xy}| \le 0.2$ ならばほとんど相関がない

と判定することができる。

1.4. 規格化

それでは、なぜ、標準偏差によって共分散が規格化されるのかを考えてみよう。相関係数に具体的に共分散と標準偏差の表式を代入すると

$$R_{xy} = \frac{S_{xy}}{S_x S_y} = \frac{\dfrac{1}{n}\sum_{i=1}^{n}(x_i - \bar{x})(y_i - \bar{y})}{\sqrt{\dfrac{1}{n}\sum_{i=1}^{n}(x_i - \bar{x})^2}\sqrt{\dfrac{1}{n}\sum_{i=1}^{n}(y_i - \bar{y})^2}}$$

となる。結局

$$R_{xy} = \frac{\sum_{i=1}^{n}(x_i - \bar{x})(y_i - \bar{y})}{\sqrt{\sum_{i=1}^{n}(x_i - \bar{x})^2}\sqrt{\sum_{i=1}^{n}(y_i - \bar{y})^2}}$$

という関係が得られる。

実は任意の実数に対して

$$\sum_{i=1}^{n} a_i^2 \sum_{i=1}^{n} b_i^2 \ge \left(\sum_{i=1}^{n} a_i b_i \right)^2$$

という不等式が成立する[1]。簡単な例では

$$(a_1^2 + a_2^2)(b_1^2 + b_2^2) \ge (a_1 b_1 + a_2 b_2)^2$$

となる。

これは、何を意味しているだろうか。実は、2 個のベクトル

$$\vec{A} = (a_1, a_2) \quad \vec{B} = (b_1, b_2)$$

において

$$\left|\vec{A}\right|^2 \left|\vec{B}\right|^2 \ge \left|\vec{A} \cdot \vec{B}\right|^2$$

ということを意味しているのである。ベクトルの内積には

[1] **コーシー･シュワルツ** (Cauchy Schwartz) の不等式として知られている。

$$\left|\vec{A}\right|\cdot\left|\vec{B}\right| \geq \left|\vec{A}\cdot\vec{B}\right|$$

という関係が成立するので、上記不等式も成立することになる。

つまり、冒頭の不等式は

$$\vec{A} = (a_1, a_2, a_3, \cdots, a_n) \quad \vec{B} = (b_1, b_2, b_3, \cdots, b_n)$$

という n 次元ベクトルにおいても同様の関係が成立することを意味している。

つまり

$$\left|\vec{A}\right|^2 = a_1^{\ 2} + a_2^{\ 2} + \cdots + a_n^{\ 2} = \sum_{i=1}^{n} a_i^{\ 2} \qquad \left|\vec{B}\right|^2 = b_1^{\ 2} + b_2^{\ 2} + \cdots + b_n^{\ 2} = \sum_{i=1}^{n} b_i^{\ 2}$$

$$\vec{A}\cdot\vec{B} = a_1 b_1 + a_2 b_2 + \cdots + a_n b_n = \sum_{i=1}^{n} a_i b_i$$

$$\left|\vec{A}\cdot\vec{B}\right|^2 = \left(\sum_{i=1}^{n} a_i b_i\right)^2$$

という対応となるので $\left|\vec{A}\right|^2 \left|\vec{B}\right|^2 \geq \left|\vec{A}\cdot\vec{B}\right|^2$ が成立する。

ここで、表記の不等式を

$$\sum_{i=1}^{n} (x_i - \overline{x})^2 \quad \text{ならびに} \quad \sum_{i=1}^{n} (y_i - \overline{y})^2$$

に適用してみよう。すると

$$\sum_{i=1}^{n} (x_i - \overline{x})^2 \sum_{i=1}^{n} (y_i - \overline{y})^2 \geq \left\{\sum_{i=1}^{n} (x_i - \overline{x})(y_i - \overline{y})\right\}^2$$

という不等式が成立することがわかる。

演習 1-5　上記の不等式を利用することで、相関係数が $-1 \leq R_{xy} \leq 1$ という範囲にあることを示せ。

解）　$$\sum_{i=1}^{n} (x_i - \overline{x})^2 \sum_{i=1}^{n} (y_i - \overline{y})^2 \geq \left\{\sum_{i=1}^{n} (x_i - \overline{x})(y_i - \overline{y})\right\}^2$$

という不等式から

$$\frac{\left\{\sum_{i=1}^{n}(x_i-\overline{x})(y_i-\overline{y})\right\}^2}{\sum_{i=1}^{n}(x_i-\overline{x})^2\sum_{i=1}^{n}(y_i-\overline{y})^2}\leq 1$$

という関係が得られる。よって

$$-1\leq\frac{\sum_{i=1}^{n}(x_i-\overline{x})(y_i-\overline{y})}{\sqrt{\sum_{i=1}^{n}(x_i-\overline{x})^2}\sqrt{\sum_{i=1}^{n}(y_i-\overline{y})^2}}\leq 1$$

となる。相関係数は

$$R_{xy}=\frac{\sum_{i=1}^{n}(x_i-\overline{x})(y_i-\overline{y})}{\sqrt{\sum_{i=1}^{n}(x_i-\overline{x})^2}\sqrt{\sum_{i=1}^{n}(y_i-\overline{y})^2}}$$

と与えられるので

$$-1\leq R_{xy}\leq 1$$

となる。

つまり、共分散 S_{xy} は標準偏差によって規格化されるのである。平均偏差では、このような規格化することはできない。

そして、共分散を x と y の標準偏差で除すということは

相関係数 ＝ （x と y の共分散）/（x と y それぞれの変数の分散度）

ということを意味している。

この規格化によって、相関係数はデータの数や分散に関係なく、データ間の相関を示す共通指標として利用できるのである。

1.5.　分散

標準偏差を平方したものを**分散** (variance) と呼んでいる。分散は variance の頭文字をとって V_x, V_y のように表記する。共分散は、英語では covariance である。つまり、両方とも variance なのである。

ここで、分散を数式で示すと

$$V_x = {S_x}^2 = \frac{1}{n}\sum_{i=1}^{n}(x_i - \bar{x})^2 \qquad V_y = {S_y}^2 = \frac{1}{n}\sum_{i=1}^{n}(y_i - \bar{y})^2$$

となる。

ここで、簡単な例で標準偏差と分散の意味を考えてみよう。いま $x = (2, 3, 4)$ という集団があったとしよう。すると、この平均は

$$\bar{x} = \frac{2+3+4}{3} = 3$$

と与えられる。よって分散は

$$V_x = \frac{1}{3}\sum_{i=1}^{3}(x_i - \bar{x})^2 = \frac{2}{3}$$

となり標準偏差は

$$S_x = \sqrt{2/3}$$

となる。それでは、次に $y = (1, 3, 5)$ という集団を考えてみよう。すると平均は

$$\bar{y} = \frac{1+3+5}{3} = 3$$

となって、同じであるが、分散は

$$V_y = \frac{1}{3}\sum_{i=1}^{3}(y_i - \bar{y})^2 = \frac{8}{3}$$

となり、大きくなっている。

標準偏差は

$$S_y = \sqrt{8/3}$$

となる。このように、分散も変数のバラツキの度合いを示す指標となる。

ただし、ばらつきの絶対的な評価という観点で見ると、分散のままでは単位に問題がある。たとえば、変数 y がモノの長さとすると、1 [cm] , 3 [cm] , 5 [cm] からなる集団の「平均は 3 [cm] で、その分散は 8/3 [cm^2] である」と言える。しかし、このままでは分散の単位系が cm^2 となって、長さの単位と違っている。そこで、分散の平方根をとる。そうすると，標準的な偏差を与えることになり、この場合は

$$\sqrt{8/3} \cong 1.63 \text{ [cm]}$$

程度の拡がりがあると言えるのである。これが、標準偏差である。一方で、データ間の相関を判定する共分散の単位は cm^2 である。つまり、共分散と等価な指標は標準偏差ではなく分散となるのである。分散を使えば相関係数は

$$R_{xy} = \frac{S_{xy}}{\sqrt{V_x}\sqrt{V_y}}$$

となる。

この規格化によって相関係数は無次元となり、その値は−1 から 1 までの範囲となる。これにより、より定量的に変数間の相関を判断する指標となるのである。つまり、相関係数が 0.9 では、相関が強いが、0.5 ではそれほど強くないということになる。また、0 に近い値の場合には、相関はないということになる。

演習 1-6　表 1-8 のような対応関係にある 2 変数 x, y がある場合、その相関係数を求めよ。

表 1-8　2 次元データ

i	x	y
1	2	4
2	3	6
3	4	5

解）　まず、それぞれの変数の平均を求めると

$$\bar{x}=\frac{2+3+4}{3}=3 \qquad \bar{y}=\frac{4+6+5}{3}=5$$

すると共分散は

$$S_{xy}=\frac{1}{n}\sum_{i=1}^{n}(x_i-\bar{x})(y_i-\bar{y})=\frac{1}{3}$$

となる。つぎに分散は

$$V_x=\frac{(2-3)^2+(3-3)^2+(4-3)^2}{3}=\frac{2}{3} \qquad V_y=\frac{(4-5)^2+(6-5)^2+(5-5)^2}{3}=\frac{2}{3}$$

となる。よって、相関係数は

$$R_{xy}=\frac{S_{xy}}{\sqrt{V_x}\sqrt{V_y}}=\frac{1}{3}\bigg/\sqrt{\frac{2}{3}}\sqrt{\frac{2}{3}}=\frac{1}{2}=0.5$$

と与えられる。この 2 変数には正の相関があり、その相関の強さは 0.5 という指標で知ることができる。

それでは、本章の冒頭で紹介した表 1-1 のクラス生徒の体重 [kg] と身長 [cm] の相関を R_{xy} を求めることで定量的に評価してみよう。

まずクラスの体重の平均は

$$\bar{x}=\frac{45+55+50+50+55+40+60+50+60+35}{10}=\frac{500}{10}=50$$

となって、平均体重は 50 [kg] ということになる。ここで、それぞれの生徒の平均体重からの偏差：$x_i-\bar{x}$ および偏差の平方：$(x_i-\bar{x})^2$ は

表 1-9　体重データの偏差とその平方

生徒	A	B	C	D	E	F	G	H	I	J
$x-\bar{x}$	−5	5	0	0	5	−10	10	0	10	−15
$(x-\bar{x})^2$	25	25	0	0	25	100	100	0	100	225

よって、このクラスの体重の分布の標準偏差は

$$S_x=\sqrt{\frac{\sum(x_i-\bar{x})^2}{n}}=\sqrt{\frac{600}{10}}=\sqrt{60}\cong 7.75$$

と与えられる。つぎに身長の平均は

$$\bar{y} = \frac{150+165+155+170+155+145+175+160+165+140}{10} = \frac{1580}{10} = 158$$

となって、平均身長は 158 [cm] ということになる。ここで、それぞれの生徒の身長の平均からの偏差：$y_i - \bar{y}$ および偏差の平方：$(y_i - \bar{y})^2$ は表 1-10 のようになる。

表 1-10　身長データの偏差と平方

生徒	A	B	C	D	E	F	G	H	I	J
$y - \bar{y}$	−8	7	−3	12	−3	−13	17	2	7	−18
$(y - \bar{y})^2$	64	49	9	144	9	169	289	4	49	324

よって、このクラスの身長の分布の標準偏差は

$$S_y = \sqrt{\frac{\sum (y_i - \bar{y})^2}{n}} = \sqrt{\frac{1100}{10}} \cong 10.54$$

となる。

つぎに、生徒の体重と身長の平均からの偏差と、その積を求めると表 1-11 のようになる。

表 1-11　生徒の体重と身長の偏差

生徒	A	B	C	D	E	F	G	H	I	J
$x - \bar{x}$	−5	5	0	0	5	−10	10	0	10	−15
$y - \bar{y}$	−8	7	−3	12	−3	−13	17	2	7	−18
積	40	35	0	0	−15	130	170	0	70	270

したがって、共分散は

$$S_{xy} = \frac{1}{10}\sum_{i=1}^{10}(x_i - \bar{x})(y_i - \bar{y}) = \frac{700}{10} = 70$$

となるので、結局、相関係数 R_{xy} は

$$R_{xy}=\frac{S_{xy}}{S_xS_y}=\frac{70}{7.75\times 10.54}\cong 0.857$$

と与えられる。よって、このクラスの生徒の体重と身長には正の相関があることがわかる。すでに紹介したように、一応の目安として

$$0.7\leq \left| R_{xy} \right| \leq 1.0 \text{ ならば強い相関がある}$$

と判定ができるので、体重と身長の間には強い相関があると結論できるのである。

演習 1-7　共分散が次式で与えられることを確かめよ。

$$Cov\left[x,\, y\right]=S_{xy}=\frac{1}{n}\sum_{i=1}^{n}x_iy_i-\bar{x}\,\bar{y}$$

解）　共分散は

$$S_{xy}=\frac{1}{n}\sum_{i=1}^{n}(x_i-\bar{x})(y_i-\bar{y})$$

であった。これを展開すると

$$\sum_{i=1}^{n}(x_i-\bar{x})(y_i-\bar{y})=\sum_{i=1}^{n}(x_iy_i-\bar{x}\,y_i-x_i\,\bar{y}+\bar{x}\,\bar{y})$$

$$=\sum_{i=1}^{n}(x_iy_i)-\bar{x}\sum_{i=1}^{n}y_i-\bar{y}\sum_{i=1}^{n}x_i+\bar{x}\,\bar{y}\sum_{i=1}^{n}1$$

と変形できる。ここで

$$\sum_{i=1}^{n}y_i=n\,\bar{y} \qquad \sum_{i=1}^{n}x_i=n\,\bar{x} \qquad \sum_{i=1}^{n}1=n$$

であるので

$$S_{xy}=\frac{1}{n}\sum_{i=1}^{n}(x_i-\bar{x})(y_i-\bar{y})=\frac{1}{n}\left(\sum_{i=1}^{n}x_iy_i-n\bar{x}\,\bar{y}-n\bar{x}\,\bar{y}+n\bar{x}\,\bar{y}\right)$$

$$=\frac{1}{n}\left(\sum_{i=1}^{n}x_iy_i-n\bar{x}\,\bar{y}\right)$$

となり、結局

$$S_{xy} = \frac{1}{n}\sum_{i=1}^{n} x_i y_i - \bar{x}\,\bar{y}$$

と与えられる。

これを**共分散の公式**と呼ぶこともある。実際に生のデータから共分散を計算するときには、この式の方が簡単な場合が多い。

演習 1-8　表 1-12 のような対応関係にある 2 変数 x, y がある場合、その共分散を求めよ。

表 1-12　2 次元データ

i	x	y
1	2	4
2	3	6
3	4	5
4	6	7
5	5	8

解）　まず、それぞれの変数の平均を求めると

$$\bar{x} = \frac{2+3+4+6+5}{5} = 4 \qquad \bar{y} = \frac{4+6+5+7+8}{5} = 6$$

すると共分散は

$$S_{xy} = \frac{1}{5}\sum_{i=1}^{5} x_i\, y_i - \bar{x}\,\bar{y} = \frac{1}{5}(2\times4+3\times6+4\times5+6\times7+5\times8) - 4\cdot6$$

$$= \frac{128}{5} - 24 = \frac{8}{5} = 1.6$$

となる。

ちなみに

$$S_{xy}=\frac{1}{n}\sum_{i=1}^{n}(x_i-\overline{x})(y_i-\overline{y})$$

によって計算すると

$$S_{xy}=$$

$$\frac{(2-4)\times(4-6)+(3-4)\times(6-6)+(4-4)\times(5-6)+(6-4)\times(7-6)+(5-4)\times(8-6)}{5}$$

$$=\frac{4+2+2}{5}=\frac{8}{5}=1.6$$

となって、確かに同じ答えが得られる。

成分数が5個では大きな違いはないが、成分数が1000個に増えると、この方法では、偏差を計算するために2000回の引き算が必要になる。これは大きな違いである。

第 2 章　線形回帰

2. 1.　回帰分析とは

相関係数というパラメータを使えば、2 変数間の相関を定量的に評価することができる。しかし、相関があることがわかっても、具体的にどのような関係で結ばれているかがわからない。

そこで、2 変数間の関係を数式で表現し、その係数の最適値を求める手法がある。いったん 2 変数間の関係が数式 $y = f(x)$ として与えられれば、この式をもとに、将来予測や、未知の領域での推測ができるようになり、とても便利である。

ここで、いちばん簡単な方法は、2 つの変数の関係を 1 **次式** (linear equation): $y = ax + b$ と仮定して、係数 a と定数項 b を決める方法である。

このように表記するとき、x を**独立変数** (independent variable)、y を**従属変数** (dependent variable) と呼んでいる。

2. 2.　最小 2 乗法

それでは、どうやってこれら係数を決めるのであろうか。この場合、図 2-1 に示すように、n 個のデータ点 (x_i, y_i) の、この直線からの y 軸方向のずれ、つまり**誤差** (error) が最小になるように係数を決める[2]。この誤差は

$$e_i = y_i - (ax_i + b)$$

と与えられるが、実際には

$$L = e_1^{\ 2} + e_2^{\ 2} + ... + e_n^{\ 2}$$

あるいは

[2] 誤差のかわりに**残差** (residual) と呼ぶこともある。

$$L = (y_1 - ax_1 - b)^2 + (y_2 - ax_2 - b)^2 + ... + (y_n - ax_n - b)^2$$

の値が最小になるように係数 a と定数項 b を決める。この式からわかるように、L は、a と b の 2 変数関数となり

$$L = L(a, b)$$

となる。

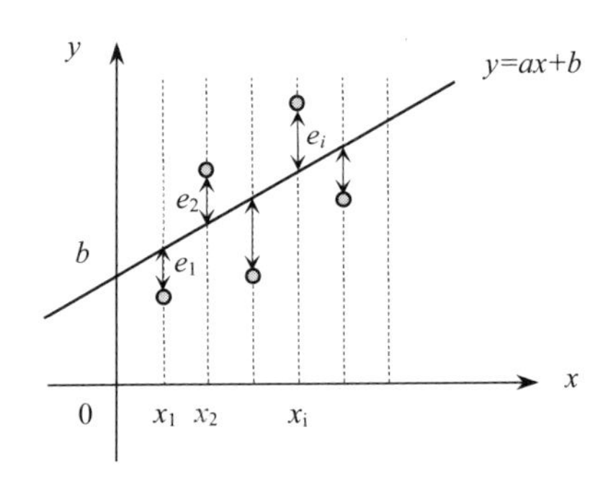

図 2-1 データポイントの回帰式からのずれ、つまり、誤差を e_i としたとき、e_i^2 の和が最小になるように a, b を決定する。これが最小 2 乗法である。

この方法は、誤差の平方和つまり 2 乗和を最小にするという意味で**最小 2 乗法** (method of least squares) と呼ばれている[3]。2 変数関数が極値をとる条件は

$$\frac{\partial L(a,b)}{\partial a} = 0 \qquad \frac{\partial L(a,b)}{\partial b} = 0$$

のように、変数 a に関する**偏微分** (partial derivative) と変数 b に関する偏微分がともに 0 となることである。そして、これら式を満足するような係数 a および b を求めればよいことになる。このようにして導出した直線の式 $y = ax + b$ を**回帰直線** (regression line) と呼んでいる。直線以外の曲線も含めて、より一般的には、**回帰式** (regression equation) と呼ばれる。

[3] 最小 2 乗法は、有名なガウス (Karl Friedrich Gauss, 1777-1855) によって発明された手法である。最小自乗法とも呼ばれる。

演習 2-1　$L(a,b)=(y_1-ax_1-b)^2+(y_2-ax_2-b)^2+...+(y_n-ax_n-b)^2$ に関して $\partial L(a,b)/\partial a=0$ を満足する条件を求めよ。

解）

$$\frac{\partial L(a,b)}{\partial a}=-2x_1(y_1-ax_1-b)-2x_2(y_2-ax_2-b)-...-2x_n(y_n-ax_n-b)$$

であるから $\partial L(a,b)/\partial a=0$ より

$$-x_1y_1+ax_1^{\ 2}+bx_1-x_2y_2+ax_2^{\ 2}+bx_2-...-x_ny_n+ax_n^{\ 2}+bx_n=0$$

整理すると

$$(x_1y_1+x_2y_2+...+x_ny_n)-a(x_1^{\ 2}+x_2^{\ 2}+...+x_n^{\ 2})-b(x_1+x_2+...+x_n)=0$$

という条件が得られる。

この式を、シグマ記号を使ってまとめると

$$\sum_{i=1}^{n}x_iy_i-a\sum_{i=1}^{n}x_i^{\ 2}-b\sum_{i=1}^{n}x_i=0$$

となる。n 個のデータ (x_i, y_i) が与えられれば

$$\sum_{i=1}^{n}x_iy_i \quad と \quad \sum_{i=1}^{n}x_i^{\ 2} \quad と \quad \sum_{i=1}^{n}x_i$$

は数値として与えられるので、これは、a, b に関する1次式となる。

演習 2-2　$L(a,b)=(y_1-ax_1-b)^2+(y_2-ax_2-b)^2+...+(y_n-ax_n-b)^2$ に関して $\partial L(a,b)/\partial b=0$ を満足する条件を求めよ。

解）

$$\frac{\partial L(a,b)}{\partial b}=-2(y_1-ax_1-b)-2(y_2-ax_2-b)-...-2(y_n-ax_n-b)$$

であるから $\partial L(a,b)/\partial b=0$ より

$$(y_1+y_2+...+y_n)-a(x_1+x_2+...+x_n)-b(1+1+...+1)=0$$

となる。

この式を、シグマ記号を使ってまとめると

$$\sum_{i=1}^{n} y_i - a\sum_{i=1}^{n} x_i - b\sum_{i=1}^{n} 1 = 0$$

となる。n 個のデータ (x_i, y_i) が与えられれば

$$\sum_{i=1}^{n} y_i \quad と \quad \sum_{i=1}^{n} x_i$$

は数値として与えられ、また

$$\sum_{i=1}^{n} 1 = n$$

であるので、この条件は a, b に関する 1 次式となる。では、具体的にデータをもとに、回帰式を求めてみよう。

演習 2-3　表 2-1 に示すような (x_i, y_i) の 2 次元データが与えられたとき、最小 2 乗法により、回帰式 : $y = ax + b$ を求めよ。

表 2-1　2 次元データ

i	x_i	y_i
1	0	2
2	1	4
3	2	6

解)　回帰係数 a ならびに定数項 b を決定するための方程式は

$$\sum_{i=1}^{3} x_i y_i - a\sum_{i=1}^{3} x_i^2 - b\sum_{i=1}^{3} x_i = 0 \qquad \sum_{i=1}^{3} y_i - a\sum_{i=1}^{3} x_i - b\sum_{i=1}^{3} 1 = 0$$

となる。

ここで、データの積をまとめると、表 2-2 のようになる。

表 2-2　データの積をまとめた表

i	x_i	y_i	$x_i y_i$	x_i^2
1	0	2	0	0
2	1	4	4	1
3	2	6	12	4

したがって

$$\sum_{i=1}^{3} x_i = 0+1+2 = 3 \qquad \sum_{i=1}^{3} y_i = 2+4+6 = 12 \qquad \sum_{i=1}^{3} 1 = 3$$

$$\sum_{i=1}^{3} x_i y_i = 0+4+12 = 16 \qquad \sum_{i=1}^{3} x_i^2 = 0+1+4 = 5$$

となる。よって、極値を与える条件は

$$16-5a-3b = 0 \qquad 12-3a-3b = 0$$

となり、まとめると

$$\begin{cases} 5a+3b=16 \\ a+b=4 \end{cases}$$

という**連立方程式** (simultaneous equations) となる。これを解くと $a=2, b=2$ となり、回帰式は

$$y = 2x + 2$$

と与えられる。

このとき、定数 a を**回帰係数** (regression coefficient)、定数 b を**定数項** (constant term) と呼ぶ。

このように、最小 2 乗法を利用すれば、回帰直線を簡単に求めることができる。いまは、成分数が 3 個の場合を示したが、成分数 n が増えた場合でも

$$\sum_{i=1}^{n} x_i,\ \sum_{i=1}^{n} y_i,\ \sum_{i=1}^{n} x_i y_i,\ \sum_{i=1}^{n} x_i^2$$

のような成分の和ならびに積和を求めれば、a, b に関する 1 次式の連立方程式となり、簡単に回帰式: $y = ax + b$ を求めることができる。それでは、より成分数が多い場合の例として、第 1 章で解析を行った生徒の体重と身長のデータの

回帰式を求めてみよう。

演習 2-4　表 2-3 に示す体重 x [kg] と身長 y [cm] の 2 次元データをもとに、最小 2 乗法により、回帰式 $y = ax + b$ を求めよ。

表 2-3　体重 x [kg] と身長 y [cm] の 2 次元データ

x	45	55	50	50	55	40	60	50	60	35
y	150	165	155	170	155	145	175	160	165	140

解）　回帰係数 a ならびに定数項 b を決定するための方程式は

$$\sum_{i=1}^{10} x_i y_i - a\sum_{i=1}^{10} x_i^2 - b\sum_{i=1}^{10} x_i = 0 \qquad \sum_{i=1}^{10} y_i - a\sum_{i=1}^{10} x_i - 10b = 0$$

となる。表 2-3 のデータをもとに、積和のデータをつくると表 2-4 のようになる。

表 2-4　積のデータ

x	45	55	50	50	55	40	60	50	60	35
y	150	165	155	170	155	145	175	160	165	140
xy	6750	9075	7750	8500	8525	5800	10500	8000	9900	4900
x^2	2025	3025	2500	2500	3025	1600	3600	2500	3600	1225

ここで、この表をもとに、必要なデータを計算していくと

$$\sum_{i=1}^{10} x_i = 45+55+50+50+55+40+60+50+60+35 = 500$$

$$\sum_{i=1}^{10} y_i = 150+165+155+170+155+145+175+160+165+140 = 1580$$

$$\sum_{i=1}^{10} x_i y_i = 6750+9075+7750+8500+8525+5800+10500+8000+9900+4900 = 79700$$

$$\sum_{i=1}^{10} x_i^2 = 2025+3025+2500+2500+3025+1600+3600+2500+3600+1225 = 25600$$

となる。

したがって、回帰係数 a ならびに定数項 b が満足すべき条件は

$$79700-25600a-500b=0 \qquad 1580-500a-10b=0$$

となり

$$\begin{cases} 256a+5b=797 \\ 50a+\ \ b=158 \end{cases}$$

という連立方程式が得られる。これを解くと

$$a=7/6\cong 1.17 \qquad b\cong 99.7$$

となり、回帰式として

$$y\cong 1.17x+99.7$$

が得られる。

ちなみに、表 2-3 のデータに対応した相関図と、最小 2 乗法によって得られた回帰式をプロットすると、図 2-2 のようになる。

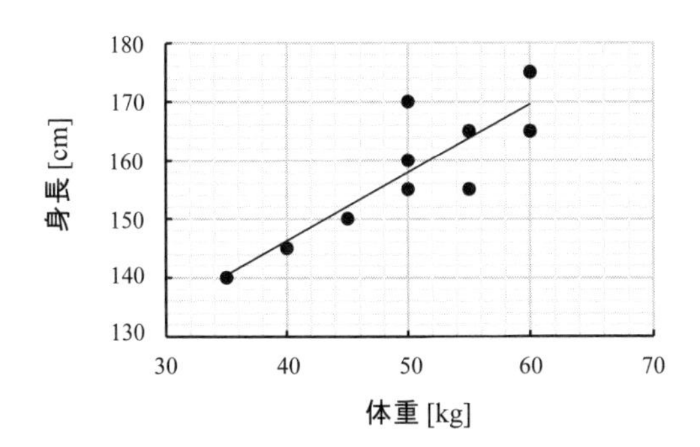

図 2-2　相関図と回帰式の関係 : 回帰式は平均 $(\bar{x}, \bar{y})=(50, 158)$ を通る。

データ数が多くなっても、同様の手法で回帰式を得ることができる。また、いったん回帰式 : $y=1.17x+99.7$ を導出できれば、この式を利用して未知のデータの推定を行うこともできるようになる。たとえば、いまの解析では、クラス全員のデータが揃っているとしていたが、実は、身体測定のときに休んでいる生徒がいたとしよう。そして、休んだ彼の体重が 58 [kg] ということがわかっている

とする。すると回帰式から

$$y = 1.17 \times 58 + 99.7 = 167.6$$

となって、身長を 167.6 [cm] と**予測** (prediction) することができる。この場合、体重のデータはこのクラスの標本の 35 [kg] から 60 [kg] の範囲内にあるので**内挿予測** (interpolation) と呼んでいる。

これに対し、もうひとり休んだ生徒が居て、彼の体重が 70 [kg] としよう。すると、この回帰式から

$$y = 1.17x + 99.7 = 1.17 \times 70 + 99.7 = 181.6$$

となって、身長は 181.6 [cm] と予測される。

実は、この生徒の体重はクラスの誰よりも重く、いまある標本データの範囲からはずれたところにある。このように手に入るデータの範囲外の値を予測することを**外挿予測** (extrapolation) と呼んでいる。

以上のように、最小 2 乗法によって、いったん回帰式が与えられれば、自分が持っていないデータに関しても予測が可能となる。よって、その効用は計り知れない。

実は、回帰式は、統計学的にデータの共分散、分散を使って整理することもできる。それを次節で紹介する。

2. 3.　正規方程式

最小 2 乗法において、誤差の 2 乗が最小値をとるという条件から得られた 2 つの式を、まとめて**正規方程式** (normal equations) と呼んでいる。

$$\sum_{i=1}^{n} x_i y_i - a\sum_{i=1}^{n} x_i^2 - b\sum_{i=1}^{n} x_i = 0$$

$$\sum_{i=1}^{n} y_i - a\sum_{i=1}^{n} x_i - nb = 0$$

ここで、上記の正規方程式の 2 番目の式は

$$\sum_{i=1}^{n} y_i = n\bar{y} \qquad \sum_{i=1}^{n} x_i = n\bar{x}$$

から

$$n\bar{y} - an\bar{x} - bn = 0 \qquad \bar{y} - a\bar{x} - b = 0$$

と変形できる。

演習 2-5　$b = \bar{y} - a\bar{x}$ を最初の正規方程式に代入することで、係数 a が

$$a = \frac{S_{xy}}{S_x^{\ 2}}$$

と与えられることを確かめよ。ただし、S_{xy} は共分散、S_x はデータ x の標準偏差とする。

解）　$b = \bar{y} - a\bar{x}$ を

$$\sum_{i=1}^{n} x_i y_i - a\sum_{i=1}^{n} x_i^{\ 2} - b\sum_{i=1}^{n} x_i = 0$$

に代入すると

$$\sum_{i=1}^{n} x_i y_i - a\sum_{i=1}^{n} x_i^{\ 2} - (\bar{y} - a\bar{x})\sum_{i=1}^{n} x_i = 0$$

第 3 項は $\sum_{i=1}^{n} x_i = n\bar{x}$　であるから

$$\sum_{i=1}^{n} x_i y_i - a\sum_{i=1}^{n} x_i^{\ 2} - n\bar{x}(\bar{y} - a\bar{x}) = 0$$

よって

$$\sum_{i=1}^{n} x_i y_i - n\bar{x}\,\bar{y} = a\sum_{i=1}^{n} x_i^{\ 2} - an\bar{x}^2$$

両辺を n で割ると

$$\frac{1}{n}\sum_{i=1}^{n} (x_i y_i - \bar{x}\,\bar{y}) = a\left\{\frac{1}{n}\sum_{i=1}^{n} (x_i^{\ 2} - \bar{x}^2)\right\}$$

となる。ここで、標準偏差 S_x を使うと

$$nS_x^2 = \sum_{i=1}^{n} (x_i - \bar{x})^2 = \sum_{i=1}^{n} (x_i^{\ 2} - 2x_i\bar{x} + \bar{x}^2) = \sum_{i=1}^{n} x_i^{\ 2} - 2\bar{x}\sum_{i=1}^{n} x_i + n\bar{x}^2$$

$$= \sum_{i=1}^{n} x_i^{\ 2} - 2n\bar{x}^2 + n\bar{x}^2 = \sum_{i=1}^{n} x_i^{\ 2} - n\bar{x}^2 = \sum_{i=1}^{n} (x_i^{\ 2} - \bar{x}^2)$$

となるので

$$a = \frac{\dfrac{1}{n}\displaystyle\sum_{i=1}^{n}(x_i y_i - \bar{x}\,\bar{y})}{\dfrac{1}{n}\displaystyle\sum_{i=1}^{n}(x_i - \bar{x})^2} = \frac{S_{xy}}{{S_x}^2}$$

と与えられる。

したがって、定数項の b は

$$b = \bar{y} - a\bar{x} = \bar{y} - \frac{S_{xy}}{{S_x}^2}\bar{x}$$

となり、整理すると $y = ax + b$ において

$$a = \frac{S_{xy}}{{S_x}^2} \qquad b = \bar{y} - \frac{S_{xy}}{{S_x}^2}\bar{x}$$

となる。あるいは、分散 V_x を使えば、回帰係数および定数項は

$$a = \frac{S_{xy}}{V_x} \qquad b = \bar{y} - \frac{S_{xy}}{V_x}\bar{x}$$

となり、回帰式は

$$y = \frac{S_{xy}}{V_x}x + \bar{y} - \frac{S_{xy}}{V_x}\bar{x}$$

と与えられることになる。

このように、2 次元データが与えられ、その分散と共分散を計算すれば、回帰式を簡単に導出することができるのである。

演習 2-6　最小 2 乗法によって求めた回帰直線

$$y = \frac{S_{xy}}{V_x}x + \bar{y} - \frac{S_{xy}}{V_x}\bar{x}$$

が、点 $(\bar{x}, \bar{y})$ を通ることを示せ。

解）　回帰式に $x = \bar{x}$ を代入すると

$$y = \frac{S_{xy}}{V_x}\bar{x} + \bar{y} - \frac{S_{xy}}{V_x}\bar{x} = \bar{y}$$

となるので、点$(\bar{x}, \bar{y})$を通ることがわかる。

点$(\bar{x}, \bar{y})$を通って傾きがaの直線は

$$(y - \bar{y}) = a(x - \bar{x})$$

と与えられる。

ここで、回帰係数aはS_{xy}/V_xとなるので、平均$\bar{x}, \bar{y}$が得られている場合、回帰式は

$$y - \bar{y} = \frac{S_{xy}}{V_x}(x - \bar{x})$$

となる。

演習 2-7 回帰直線

$$y = \frac{S_{xy}}{V_x}x + \bar{y} - \frac{S_{xy}}{V_x}\bar{x}$$

を変形して、上記の式を得よ。

解） 右辺の$\bar{y}$を左辺に移項すると

$$y - \bar{y} = \frac{S_{xy}}{V_x}x - \frac{S_{xy}}{V_x}\bar{x}$$

よって

$$y - \bar{y} = \frac{S_{xy}}{V_x}(x - \bar{x})$$

となる。

---

2. 4. 回帰式の計算

つまり、表 2-3 に示したような生徒の体重と身長のデータがあれば、S_{xy}およ

び V_x を計算することで回帰式を導出することができる。

演習 2-8　表 2-4 に示した積 xy, x^2 のデータをもとに、回帰式を求めよ。

解）　回帰直線は

$$(y-\bar{y})=\frac{S_{xy}}{V_x}(x-\bar{x})$$

と与えられる。ここで、すでに

$$\bar{x}=50 \qquad \bar{y}=158$$

$$V_x=60 \qquad S_{xy}=70$$

と与えられている。したがって回帰係数は

$$\frac{S_{xy}}{V_x}=\frac{7}{6}$$

となり回帰直線は

$$(y-158)=\frac{7}{6}(x-50)$$

から

$$y\cong 1.17x+99.7$$

と与えられる。

このように、演習 2-4 で正規方程式から求めた回帰式と、同じ式が得られる。

2. 5.　独立変数と従属変数

これまでは、体重と身長に関する回帰式を求める際、体重を x とし、身長を y としてきた。このとき、x が独立変数であり、y が従属変数として回帰式を求めていることになる。そして、回帰直線は、体重を変数として値を代入すれば、結果として身長の値が求められる式となっている。

ただし、いまの場合は、身長 y が独立変数で、体重 x が従属変数と考えても、

まったく問題がないはずである。とすれば回帰式として

$$x-\bar{x}=\frac{S_{xy}}{V_y}(y-\bar{y})$$

を採用できることになる。これを確かめてみよう。

演習 2-9　表 2-3 に示した体重 [kg] と身長 [cm] のデータを、身長 y が独立変数、体重 x が従属変数とみなした場合の回帰式を求めよ。

解）　平均は $\bar{y}=158$ ならびに $\bar{x}=50$ であり

$$V_y=110 \qquad S_{xy}=70$$

と与えられる。したがって回帰係数は

$$\frac{S_{xy}}{V_y}=\frac{70}{110}\cong 0.64$$

となり回帰直線は

$$(x-50)=0.64(y-158)$$

から

$$x=0.64y-51$$

となる。

ここで、身長として $y=168$ [cm] を代入すると、$x=57$ [kg] となり、演習 2-4 の 58 [kg] とは少し誤差が生じている。

さらに、この式を変形すると

$$y=1.56\,x+80$$

となって、演習 2-8 で求めた回帰式: $y=1.17x+99.7$ とは異なる結果となる。このように、同じデータセットであっても、x を独立変数とするか、y を独立変数とするかで、得られる回帰式が異なる場合がある。実は、これら 2 式が一致しないほうが一般的なのである。その理由を考えてみよう。

ここで、x および y を独立変数とした場合の回帰式を併記すると

$$y-\bar{y}=\frac{S_{xy}}{V_x}(x-\bar{x}) \qquad x-\bar{x}=\frac{S_{xy}}{V_y}(y-\bar{y})$$

となる。これら 2 式が一致するためには

$$\frac{S_{xy}}{V_x} = \frac{V_y}{S_{xy}}$$

という条件が必要となることがわかる。

演習 2-10　x と y のデータセットがあるとき、x および y を独立変数として求めた回帰式が一致するときの相関係数を求めよ。

解）　相関係数 R_{xy} は

$$R_{xy} = \frac{S_{xy}}{\sqrt{V_x}\sqrt{V_y}}$$

と与えられる。上記の条件

$$\frac{S_{xy}}{V_x} = \frac{V_y}{S_{xy}}$$

を変形すると

$$\frac{{S_{xy}}^2}{V_x V_y} = 1$$

となる。したがって、相関係数 R_{xy} は

$${R_{xy}}^2 = 1$$

から、回帰式が一致するとき

$$R_{xy} = \pm 1$$

となる。

つまり、相関係数 R_{xy} が $+1$ あるいは -1 のときのみ、x を独立変数として求めた回帰式と y を独立変数として求めた式が一致することになる。

演習 2-11　表 2-5 に示す 2 次元データがあるとき、独立変数を x ならびに y とした場合の回帰式を求めよ。

表 2-5　2 次元データ

i	x	y
1	3	4
2	4	6
3	5	8
4	6	10

解）　まず、これら変数の平均を求めると

$$\bar{x} = \frac{3+4+5+6}{4} = 4.5 \qquad \bar{y} = \frac{4+6+8+10}{4} = 7$$

つぎに、偏差は、表 2-6 のようになる。

表 2-6　2 次元データの偏差

x	$x-\bar{x}$	y	$y-\bar{y}$
3	-1.5	4	-3
4	-0.5	6	-1
5	$+0.5$	8	$+1$
6	$+1.5$	10	$+3$

よって分散は

$$V_x = \frac{1}{4}\sum_{i=1}^{4}(x_i - \bar{x})^2 = \frac{(-1.5)^2 + (-0.5)^2 + (0.5)^2 + (1.5)^2}{4} = 1.25$$

$$V_y = \frac{1}{4}\sum_{i=1}^{4}(y_i - \bar{y})^2 = \frac{3^2 + 1^2 + 1^2 + 3^2}{4} = 5$$

となり、共分散は

$$S_{xy} = \frac{1}{4}\sum_{i=1}^{4}(x_i - \bar{x})(y_i - \bar{y})$$

$$= \frac{(-1.5)\times(-3) + (-0.5)\times(-1) + (0.5)\times 1 + (1.5)\times 3}{4} = 2.5$$

となる。ここで、回帰係数は、x を独立変数としたときは

$$\frac{S_{xy}}{V_x} = \frac{2.5}{1.25} = 2$$

yを独立変数としたときは

$$\frac{S_{xy}}{V_y} = \frac{2.5}{5} = 0.5$$

と与えられる。つぎに

$$\bar{x} = 4.5 \qquad \bar{y} = 7$$

であるから、xを独立変数としたときの回帰式は

$$y - 7 = 2(x - 4.5) \qquad y = 2x - 2$$

となり、yを独立変数としたときの回帰式は

$$x - 4.5 = 0.5(y - 7) \qquad x = 0.5y + 1$$

となる。

このように、いまのデータセットでは、xならびにyを独立変数として求めた回帰式が一致する。ちなみに、相関係数は

$$R_{xy} = \frac{S_{xy}}{S_x S_y} = \frac{2.5}{\sqrt{1.25}\sqrt{5}} = 1$$

となる。

2. 6.　相関係数と回帰式

xを独立変数としたときの回帰式は

$$y - \bar{y} = \frac{S_{xy}}{V_x}(x - \bar{x})$$

であるが、標準偏差を使えば

$$y - \bar{y} = \frac{S_{xy}}{{S_x}^2}(x - \bar{x})$$

となる。ここで相関係数の定義は

$$R_{xy} = \frac{S_{xy}}{S_x S_y}$$

であったから回帰直線は

$$y-\overline{y}=R_{xy}\frac{S_y}{S_x}(x-\overline{x})$$

のように相関係数を使って表現することができる。

一方、y を独立変数としたときの回帰式は

$$x-\overline{x}=\frac{S_{xy}}{{S_y}^2}(y-\overline{y})$$

であるので、相関係数 R_{xy} を使えば

$$x-\overline{x}=R_{xy}\frac{S_x}{S_y}(y-\overline{y})$$

ということになる。これら式は、結局

$$\frac{y-\overline{y}}{S_y}=R_{xy}\frac{x-\overline{x}}{S_x} \qquad \frac{x-\overline{x}}{S_x}=R_{xy}\frac{y-\overline{y}}{S_y}$$

と変形できる。

演習 2-12　x と y のデータセットがあるとき、x および y を独立変数として求めた回帰式が一致するための条件が $R_{xy}=\pm 1$ であることを再確認せよ。

解）　回帰式が一致するとき

$$\frac{y-\overline{y}}{S_y}=R_{xy}\frac{x-\overline{x}}{S_x} \quad \text{と} \quad \frac{x-\overline{x}}{S_x}=R_{xy}\frac{y-\overline{y}}{S_y}$$

が同じ式になる。2 番目の式を変形すると

$$\frac{y-\overline{y}}{S_y}=\frac{1}{R_{xy}}\frac{x-\overline{x}}{S_x}$$

となる。よって、これら 2 式が一致する条件は

$$R_{xy}=\frac{1}{R_{xy}}$$

から

$$R_{xy}=\pm 1$$

となる。

つまり

$$\frac{y-\overline{y}}{S_y}=\frac{x-\overline{x}}{S_x} \quad \text{あるいは} \quad \frac{y-\overline{y}}{S_y}=-\frac{x-\overline{x}}{S_x}$$

のときで、それぞれ正の相関と負の相関に対応する。

2.7. 決定係数

つぎに誤差について考えてみよう。最小 2 乗法というのは、つぎに示す誤差の平方和を最小にする方法であった。

$$L=e_1^{\ 2}+e_2^{\ 2}+\dots+e_n^{\ 2}$$

これを試料数 n で割ると

$$\frac{L}{n}=\frac{1}{n}(e_1^{\ 2}+e_2^{\ 2}+\dots+e_n^{\ 2})$$

となるが、これは、まさに誤差の分散: V_e である。つまり、最小 2 乗法とは「**誤差の分散を最小にする方法**」と言い換えることができる。

この式は

$$V_e=\frac{1}{n}\left[\,(y_1-ax_1-b)^2+(y_2-ax_2-b)^2+\dots+(y_n-ax_n-b)^2\right]$$

$$=\frac{1}{n}\sum_{i=1}^{n}(y_i-a\,x_i-b)^2$$

と書くことができる。いま、x と y の平均を使うと定数項 b は

$$b=\overline{y}-a\overline{x}$$

であったから

$$V_e=\frac{1}{n}\sum_{i=1}^{n}(y_i-\overline{y}-ax_i+a\overline{x})^2=\frac{1}{n}\sum_{i=1}^{n}\{(y_i-\overline{y})-a(x_i-\overline{x})\}^2$$

ここで、平方を開くと

$$V_e=\frac{1}{n}\sum_{i=1}^{n}(y_i-\overline{y})^2-\frac{2a}{n}\sum_{i=1}^{n}(x_i-\overline{x})(y_i-\overline{y})+\frac{a^2}{n}\sum_{i=1}^{n}(x_i-\overline{x})^2$$

となる。

右辺の第 1 項は y の分散、第 2 項は $x\,y$ の共分散、第 3 項は x の分散に対応す

るから、結局

$$V_e = V_y - 2aS_{xy} + a^2V_x$$

となる。標準偏差を使うと

$$V_e = {S_y}^2 - 2aS_{xy} + a^2{S_x}^2$$

となる。

演習 2-13　誤差の分散が

$$V_e = V_x(1 - {R_{xy}}^2)$$

と与えられることを示せ。

解）　誤差の分散

$$V_e = V_y - 2aS_{xy} + a^2V_x$$

に、回帰係数

$$a = \frac{S_{xy}}{V_x}$$

を代入すると

$$V_e = V_y - 2\frac{S_{xy}}{V_x}S_{xy} + \left(\frac{S_{xy}}{V_x}\right)^2 V_x$$

$$= V_y - \frac{{S_{xy}}^2}{V_x} = V_y\left(1 - \frac{{S_{xy}}^2}{V_x\,V_y}\right)$$

相関係数は

$$R_{xy} = \frac{S_{xy}}{\sqrt{V_x}\sqrt{V_y}}$$

であったから

$$V_e = V_y(1 - R_{xy}{}^2)$$

となる。

分散は常に$V_e \geq 0$，$V_y \geq 0$ であるから

$$1 - R_{xy}{}^2 \geq 0 \qquad \text{つまり} \qquad R_{xy}{}^2 \leq 1$$

となって、すでに紹介したように、相関係数 R_{xy} の範囲が

$$-1 \leq R_{xy} \leq 1$$

にあることがわかる。

また、この誤差の分散が最小となるのは、$V_e = 0$ のときなので

$$R_{xy}{}^2 = 1 \qquad R_{xy} = \pm 1$$

の場合であることもわかる。

ここで、相関係数の平方である $R_{xy}{}^2$ を**決定係数** (coefficient of determination) と呼んでいる。そして、回帰分析で回帰式を求めた場合には R^2 と表記して、回帰式の横に付されることが多く、この値が 1 に近いほど回帰式の信頼性が高く、一方、0 に近いと信頼性が低いということを示している。

それは

$$V_e = V_y(1 - R_{xy}{}^2)$$

という関係からも明らかである。つまり

$$R_{xy}{}^2 = 1$$

ならば

$$V_e = V_y(1 - R_{xy}{}^2) = V_y(1-1) = 0$$

となって、誤差の分散が 0、つまり完全なフィッティングになるからである。逆に、決定係数が 0 の場合

$$V_e = V_y$$

となり、データの分散がそのまま誤差の分散になり、系統的な関係がないということを意味している。

演習 2-14　表 2-7 の 2 次元データが与えられたとき、独立変数 x と従属変数 y の回帰式を求め、決定係数を計算せよ。

表 2-7　2 次元データ

i	x	y
1	0	4
2	1	7
3	2	9
4	3	12

解）　まず、これらデータ x, y の平均を求めると

$$\bar{x} = \frac{0+1+2+3}{4} = 1.5 \qquad \bar{y} = \frac{4+7+9+12}{4} = 8$$

つぎに、分散は

$$V_x = \frac{1}{4}\sum_{i=1}^{4}(x_i - \bar{x})^2 = 1.25 \qquad V_y = \frac{1}{4}\sum_{i=1}^{4}(y_i - \bar{y})^2 = 8.5$$

となり、共分散は

$$S_{xy} = \frac{1}{4}\sum_{i=1}^{4}(x_i - \bar{x})(y_i - \bar{y}) = 3.25$$

となる。よって、回帰係数は

$$a = \frac{S_{xy}}{V_x} = \frac{3.25}{1.25} = 2.6$$

と与えられる。つぎに

$$\bar{x} = 1.5 \qquad \bar{y} = 8$$

であるから、定数項は

$$b = \overline{y} - a\overline{x} = 8 - 2.6 \times 1.5 = 4.1$$

となり、回帰直線は

$$y = ax + b = 2.6x + 4.1$$

と与えられる。

ここで、この回帰式の決定係数を求めると

$$R_{xy}{}^2 = \frac{S_{xy}{}^2}{V_x V_y} = \frac{(3.25)^2}{1.25 \times 8.5} \cong 0.99$$

となる。

決定係数が 0.99 とほぼ 1 に近いので、この回帰式は信頼できるものと判定できる。一般の報告や、論文において回帰式を示す場合には、決定係数を付すのが通例となっている。

決定係数が必要なのは、それが回帰式の信頼性を担保する指標となるからである。もし $R_{xy}{}^2 = 0.3$ の場合、そこから導き出される結論の正当性はかなり低いと言わざるをえない。残念ながら、決定係数を示さずに回帰式が使用される場合も散見される。

2. 8. 最小 2 乗法の 2 次式への応用

いままでは、回帰直線つまり回帰式が 1 次式である場合を取り扱ってきた。しかし、2 変数の関係が 2 次以上である場合もある。ここでは、回帰式が

$$y = ax^2 + bx + c$$

という 2 次式の場合の回帰式の求め方を紹介する。この場合は、x を独立変数、y を従属変数とする。

最小 2 乗法は誤差の分散

$$V[e] = V_e = \frac{1}{n}(e_1{}^2 + e_2{}^2 + \ldots + e_n{}^2)$$

を最小にするものであり

$$L = (y_1 - ax_1{}^2 - bx_1 - c)^2 + \ldots + (y_n - ax_n{}^2 - bx_n - c)^2$$

$$=\sum_{i=1}^{n}(y_i - a x_i^2 - b x_i - c)^2$$

の値が最小になるように係数 a, b と定数項 c を決める。この式からわかるように、L は、a と b と c の 3 変数関数となり

$$L = L(a, b, c)$$

となる。

3 変数関数が極値をとる条件は

$$\frac{\partial L(a,b,c)}{\partial a}=0 \qquad \frac{\partial L(a,b,c)}{\partial b}=0 \qquad \frac{\partial L(a,b,c)}{\partial c}=0$$

のように、変数 a, b, c に関する偏微分が同時に 0 となることである。よって、これら式を満足するような a, b, c を求めればよいことになる。

演習 2-15　a, b, c の 3 変数からなる関数 $L(a,b,c)=\sum_{i=1}^{n}(y_i - a x_i^2 - b x_i - c)^2$ において、変数 a に関する偏微分を求めよ。

解）

$$\frac{\partial L(a,b,c)}{\partial a}=\frac{\partial}{\partial a}\sum_{i=1}^{n}(y_i - a x_i^2 - b x_i - c)^2 = \sum_{i=1}^{n}2(-x_i^2)(y_i - a x_i^2 - b x_i - c)$$

$$=-2\left(\sum_{i=1}^{n}x_i^2 y_i - a\sum_{i=1}^{n}x_i^4 - b\sum_{i=1}^{n}x_i^3 - c\sum_{i=1}^{n}x_i^2\right)$$

となる。

したがって、$\dfrac{\partial L(a,b,c)}{\partial a}=0$ を満足する条件は

$$\sum_{i=1}^{n}x_i^2 y_i - a\sum_{i=1}^{n}x_i^4 - b\sum_{i=1}^{n}x_i^3 - c\sum_{i=1}^{n}x_i^2 = 0$$

となる。あるいは

$$a\sum_{i=1}^{n} x_i^4 + b\sum_{i=1}^{n} x_i^3 + c\sum_{i=1}^{n} x_i^2 = \sum_{i=1}^{n} x_i^2 y_i$$

となる。

演習 2-16　a, b, c の 3 変数からなる関数 $L(a,b,c) = \sum_{i=1}^{n}(y_i - ax_i^2 - bx_i - c)^2$ において、変数 b に関する偏微分を求めよ。

解）

$$\frac{\partial L(a,b,c)}{\partial b} = \frac{\partial}{\partial b}\sum_{i=1}^{n}(y_i - ax_i^2 - bx_i - c)^2 = \sum_{i=1}^{n} 2(-x_i)(y_i - ax_i^2 - bx_i - c)$$

$$= -2\left(\sum_{i=1}^{n} x_i y_i - a\sum_{i=1}^{n} x_i^3 - b\sum_{i=1}^{n} x_i^2 - c\sum_{i=1}^{n} x_i\right)$$

となる。

したがって、$\dfrac{\partial L(a,b,c)}{\partial b} = 0$ を満足する条件は

$$\sum_{i=1}^{n} x_i y_i - a\sum_{i=1}^{n} x_i^3 - b\sum_{i=1}^{n} x_i^2 - c\sum_{i=1}^{n} x_i = 0$$

となる。あるいは

$$a\sum_{i=1}^{n} x_i^3 + b\sum_{i=1}^{n} x_i^2 + c\sum_{i=1}^{n} x_i = \sum_{i=1}^{n} x_i y_i$$

となる。

演習 2-17　a, b, c の 3 変数からなる関数 $L(a,b,c) = \sum_{i=1}^{n}(y_i - ax_i^2 - bx_i - c)^2$ において、変数 c に関する偏微分を求めよ。

解）

$$\frac{\partial L(a,b,c)}{\partial c} = \frac{\partial}{\partial c}\sum_{i=1}^{n}(y_i - ax_i^2 - bx_i - c)^2 = \sum_{i=1}^{n}2(-1)(y_i - ax_i^2 - bx_i - c)$$

$$= -2\left(\sum_{i=1}^{n} y_i - a\sum_{i=1}^{n} x_i^2 - b\sum_{i=1}^{n} x_i - c\sum_{i=1}^{n} 1\right)$$

$$= -2\left(\sum_{i=1}^{n} y_i - a\sum_{i=1}^{n} x_i^2 - b\sum_{i=1}^{n} x_i - nc\right)$$

となる。

したがって、$\dfrac{\partial L(a,b,c)}{\partial c} = 0$ を満足する条件は

$$\sum_{i=1}^{n} y_i - a\sum_{i=1}^{n} x_i^2 - b\sum_{i=1}^{n} x_i - c\sum_{i=1}^{n} 1 = 0$$

となる。あるいは

$$a\sum_{i=1}^{n} x_i^2 + b\sum_{i=1}^{n} x_i + c\sum_{i=1}^{n} 1 = \sum_{i=1}^{n} y_i$$

となる。

したがって、回帰式が 2 次の場合の正規方程式は

$$a\sum_{i=1}^{n} x_i^4 + b\sum_{i=1}^{n} x_i^3 + c\sum_{i=1}^{n} x_i^2 = \sum_{i=1}^{n} x_i^2 y_i$$

$$a\sum_{i=1}^{n} x_i^3 + b\sum_{i=1}^{n} x_i^2 + c\sum_{i=1}^{n} x_i = \sum_{i=1}^{n} x_i y_i$$

$$a\sum_{i=1}^{n} x_i^2 + b\sum_{i=1}^{n} x_i + c\sum_{i=1}^{n} 1 = \sum_{i=1}^{n} y_i$$

の 3 個となる。与えられた x, y のデータから連立方程式をつくり、方程式を解法することで、a, b, c を求めることができる。

演習 2-18　表 2-8 に示す 2 次元データがあるとき、独立変数を x、従属変数を y とした場合の 2 次の回帰式 : $y = ax^2 + bx + c$ を求めよ。

表 2-8　2 次元データ

i	x	y
1	−1	2
2	0	1
3	1	2
4	2	5

解）　まず、x^2, x^3, x^4, x^2y, xy を求める。すると表 2-9 のようになる。

表 2-9　回帰式を求めるための成分と和

x	y	x^2	x^3	x^4	x^2y	xy
−1	2	1	−1	1	2	−2
0	1	0	0	0	0	0
1	2	1	1	1	2	2
2	5	4	8	16	20	10
$\Sigma x=2$	$\Sigma y=10$	$\Sigma x^2=6$	$\Sigma x^3=8$	$\Sigma x^4=18$	$\Sigma x^2y=24$	$\Sigma xy=10$

これら数値を、正規方程式に代入すると

$$a\sum_{i=1}^{4} x_i^4 + b\sum_{i=1}^{4} x_i^3 + c\sum_{i=1}^{4} x_i^2 = \sum_{i=1}^{4} x_i^2 y_i$$

$$18a + 8b + 6c = 24$$

$$a\sum_{i=1}^{4} x_i^3 + b\sum_{i=1}^{4} x_i^2 + c\sum_{i=1}^{4} x_i = \sum_{i=1}^{4} x_i y_i$$

$$8a + 6b + 2c = 10$$

$$a\sum_{i=1}^{4} x_i^2 + b\sum_{i=1}^{4} x_i + c\sum_{i=1}^{4} 1 = \sum_{i=1}^{4} y_i$$

$$6a + 2b + 4c = 10$$

したがって、a, b, c を求めるための連立方程式は

$$\begin{cases} 9a + 4b + 3c = 12 \cdots\cdots (1) \\ 4a + 3b + \ \ c = \ \ 5 \cdots\cdots (2) \\ 3a + \ \ b + 2c = \ \ 5 \cdots\cdots (3) \end{cases}$$

となる。この方程式を解くと

$$a = 1, b = 0, c = 1$$

が得られ、求める 2 次の回帰式は

$$y = x^2 + 1$$

となる。

ちなみに、連立方程式を行列で表現すれば

$$\begin{pmatrix} 9 & 4 & 3 \\ 4 & 3 & 1 \\ 3 & 1 & 2 \end{pmatrix} \begin{pmatrix} a \\ b \\ c \end{pmatrix} = \begin{pmatrix} 12 \\ 5 \\ 5 \end{pmatrix}$$

となる。したがって、**係数行列** (matrix of coefficients) の**逆行列** (inverse matrix) が求められれば

$$\begin{pmatrix} a \\ b \\ c \end{pmatrix} = \begin{pmatrix} 9 & 4 & 3 \\ 4 & 3 & 1 \\ 3 & 1 & 2 \end{pmatrix}^{-1} \begin{pmatrix} 12 \\ 5 \\ 5 \end{pmatrix}$$

という計算によって a, b, c を求めることができる。ここでは、**行基本変形** (elementary row operation) を利用する。行基本変形とは、行の定数倍を他の行に足したり引いたりする操作である。連立方程式を解法するときの手法と相似である。このとき

$$\begin{pmatrix} 9 & 4 & 3 & 1 & 0 & 0 \\ 4 & 3 & 1 & 0 & 1 & 0 \\ 3 & 1 & 2 & 0 & 0 & 1 \end{pmatrix}$$

を変形して、左の 3×3 行列が**単位行列** (unit matrix) となるように変形すれば、右の 3×3 行列が逆行列になる。すると

$$\begin{pmatrix} 1 & 0 & 0 & 1/2 & -1/2 & -1/2 \\ 0 & 1 & 0 & -1/2 & 9/10 & 3/10 \\ 0 & 0 & 1 & -1/2 & 3/10 & 11/10 \end{pmatrix}$$

したがって、逆行列は

$$\begin{pmatrix} 1/2 & -1/2 & -1/2 \\ -1/2 & 9/10 & 3/10 \\ -1/2 & 3/10 & 11/10 \end{pmatrix}$$

となり

$$\begin{pmatrix} a \\ b \\ c \end{pmatrix} = \begin{pmatrix} 1/2 & -1/2 & -1/2 \\ -1/2 & 9/10 & 3/10 \\ -1/2 & 3/10 & 11/10 \end{pmatrix} \begin{pmatrix} 12 \\ 5 \\ 5 \end{pmatrix} = \begin{pmatrix} 1 \\ 0 \\ 1 \end{pmatrix}$$

から、$a=1, b=0, c=1$ が得られる。

2. 9. 略記法と行列

最小 2 乗法は、これより高次の方程式にも適用できる。たとえば

$$y = ax + b$$

$$y = ax^2 + bx + c$$

$$y = ax^3 + bx^2 + cx + d$$

と次数が上がっても、まったく同様の手法が適用できる。ここで、2 次の場合の正規方程式は

$$a\sum_{i=1}^{n} x_i^4 + b\sum_{i=1}^{n} x_i^3 + c\sum_{i=1}^{n} x_i^2 = \sum_{i=1}^{n} x_i^2 y_i$$

$$a\sum_{i=1}^{n} x_i^3 + b\sum_{i=1}^{n} x_i^2 + c\sum_{i=1}^{n} x_i = \sum_{i=1}^{n} x_i y_i$$

$$a\sum_{i=1}^{n} x_i^2 + b\sum_{i=1}^{n} x_i + c\sum_{i=1}^{n} 1 = \sum_{i=1}^{n} y_i$$

となるのであった。これを次のように略記してみよう。

$$a\sum x^4 + b\sum x^3 + c\sum x^2 = \sum x^2 y$$

$$a\sum x^3 + b\sum x^2 + c\sum x = \sum xy$$

$$a\sum x^2 + b\sum x + c\sum 1 = \sum y$$

この場合、本質的な意味はそのままで、かなりすっきりする。たとえば

$$\sum x^2 y$$

という計算は、与えられた標本データの x, y から、x^2y の成分を取り出し、その和をとったものとなる。

演習 2-19　表 2-10 に示す 2 次元データがあるとき、独立変数を x、従属変数を y とした場合の 2 次の回帰式 : $y = ax^2 + bx + c$ を求めよ。

表 2-10　2 次元データ

x	y
1	6
2	11
3	18

解）　まず、x^2, x^3, x^4, x^2y, xy を求める。すると表 2-11 のようになる。

表 2-11　回帰式を求めるための成分と和

x	y	x^2	x^3	x^4	x^2y	xy
1	6	1	1	1	6	6
2	11	4	8	16	44	22
3	18	9	27	81	162	54
$\Sigma x=6$	$\Sigma y=35$	$\Sigma x^2=14$	$\Sigma x^3=36$	$\Sigma x^4=98$	$\Sigma x^2y=212$	$\Sigma xy=82$

正規方程式

$$a\sum x^4 + b\sum x^3 + c\sum x^2 = \sum x^2 y$$

$$a\sum x^3 + b\sum x^2 + c\sum x = \sum xy$$

$$a\sum x^2 + b\sum x + c\sum 1 = \sum y$$

にデータを代入すると、つぎの連立方程式が得られる

$$\begin{cases} 98a + 36b + 14c = 212 \\ 36a + 14b + 6c = 82 \\ 14a + 6b + 3c = 35 \end{cases}$$

となり、これを解くと

$$a = 1, b = 2, c = 3$$

となる。

ちなみに、いまの演習の正規方程式に対応した行列は

$$\begin{pmatrix} \sum x^4 & \sum x^3 & \sum x^2 \\ \sum x^3 & \sum x^2 & \sum x \\ \sum x^2 & \sum x & \sum 1 \end{pmatrix} \begin{pmatrix} a \\ b \\ c \end{pmatrix} = \begin{pmatrix} \sum x^2 y \\ \sum xy \\ \sum y \end{pmatrix}$$

となり、データを代入すると

$$\begin{pmatrix} 98 & 36 & 14 \\ 36 & 14 & 6 \\ 14 & 6 & 3 \end{pmatrix} \begin{pmatrix} a \\ b \\ c \end{pmatrix} = \begin{pmatrix} 212 \\ 82 \\ 35 \end{pmatrix}$$

となる。

ここで、この係数行列の逆行列が得られれば

$$\begin{pmatrix} a \\ b \\ c \end{pmatrix} = \begin{pmatrix} 98 & 36 & 14 \\ 36 & 14 & 6 \\ 14 & 6 & 3 \end{pmatrix}^{-1} \begin{pmatrix} 212 \\ 82 \\ 35 \end{pmatrix}$$

という行列演算によって回帰係数が得られる。逆行列は、行基本変形によって計算することが可能であるが、3 次以上の正方行列では、かなりの時間と労力を要する。そこで、ここでは、Microsoft Excel の MINVERSE 関数を利用する。M は行列の英語 “matrix” に由来しており、“inverse” は逆という意味である。逆行列

を求めたい行列をA1からC3の範囲に3×3行列を入力する。

	A	B	C	D	E	F	G	H
1	98	36	14					
2	36	14	6					
3	14	6	3					
4								

つぎに逆行列を表示するセルを選ぶ。ここでは、E1からG3の範囲を選ぶ。この状態で、E1にMINVERSE(A1:C3)と入力したうえで、ctrlキーとshiftキーを押しながらenterキーを押すと下記のように逆行列が表示される。

	A	B	C	D	E	F	G	H
1	98	36	14		1.5	−6	5	
2	36	14	6		−6	24.5	−21	
3	14	6	3		5	−21	19	
4								

よって

$$\begin{pmatrix} 98 & 36 & 14 \\ 36 & 14 & 6 \\ 14 & 6 & 3 \end{pmatrix}^{-1} = \begin{pmatrix} 1.5 & -6 & 5 \\ -6 & 24.5 & -21 \\ 5 & -21 & 19 \end{pmatrix}$$

となる。すると

$$\begin{pmatrix} a \\ b \\ c \end{pmatrix} = \begin{pmatrix} 1.5 & -6 & 5 \\ -6 & 24.5 & -21 \\ 5 & -21 & 19 \end{pmatrix} \begin{pmatrix} 212 \\ 82 \\ 35 \end{pmatrix}$$

から

$$\begin{pmatrix} a \\ b \\ c \end{pmatrix} = \begin{pmatrix} 1 \\ 2 \\ 3 \end{pmatrix}$$

が解となる。

実は、この手法は $y = ax + b$ への線形回帰にも適用できる。その場合、正規方程式に対応した行列は

$$\begin{pmatrix} \sum x^2 & \sum x \\ \sum x & \sum 1 \end{pmatrix} \begin{pmatrix} a \\ b \end{pmatrix} = \begin{pmatrix} \sum xy \\ \sum y \end{pmatrix}$$

となり、a, b は

$$\begin{pmatrix} a \\ b \end{pmatrix} = \begin{pmatrix} \sum x^2 & \sum x \\ \sum x & \sum 1 \end{pmatrix}^{-1} \begin{pmatrix} \sum xy \\ \sum y \end{pmatrix}$$

によって与えられる。

つまり、標本データが与えられたとき、これら行列の成分をデータをもとに計算すれば、回帰係数 a と定数項 b がただちに与えられることになり、とても便利な表式となっているのである。

2.10. 級数展開

データが与えられ、回帰分析を行う場合、2 変数の関係が 1 次式であるのか、あるいは、2 次以上の式が適当かどうかは、実は不明である。そこで、実験データが得られたときには、たとえば 3 次式

$$y = ax^3 + bx^2 + cx + d$$

としてフィッティングを行う。

もし、2 次式がベストフィッティングであれば、$a = 0$ に近い値が得られる。1 次式とすれば、$a = 0, b = 0$ に近い値が得られるはずである。

一方、3 次式でフィッティングがうまくいった場合には、他の関数の可能性も考えられる。

多くの関数は

$$y = f(x) = a_0 + a_1 x + a_2 x^2 + ... + a_k x^k + ...$$

のような級数に展開できる。

たとえば $y = e^x$ という指数関数は

$$e^x = 1 + x + \frac{1}{2!}x^2 + \frac{1}{3!}x^3 + \frac{1}{4!}x^4 + ... + \frac{1}{n!}x^n + ... = \sum_{n=0}^{\infty} \frac{x^n}{n!}$$

と級数展開できる。

ここで、回帰分析によって

$$y = 1 + x + 0.5x^2 + 0.17x^3$$

という結果が得られたとしよう。

すると、実験結果は、もしかしたら　$y = e^x$ に従うのではないかと予想できるのである。理工系の研究においてベキ級数へのフィッティングを行うのは、このためである。いったん、指数関数の可能性があれば

$$y = ae^{bx}$$

という関数を仮定して、回帰式を求めればよい。曲線への回帰分析については、次章で紹介する。

第3章　曲線の回帰

第2章では、2変数の間に線形関係: $y = ax + b$ が成立するという前提のもとで最小2乗法により、**回帰直線** (regression line) を求める方法を紹介した。しかし、2変数の間に成立する関係が1次式とは限らない。むしろ、自然現象などを解析する場合には、直線とはならない場合の方が多い。

ただし、直線関係ではない場合にも、線形回帰分析の手法を利用して、第2章と同様の手法で**回帰曲線** (regression curve) を求めることが可能な場合がある。本章では、その手法を紹介する。

3. 1.　指数曲線 — 半対数の場合

ふたつの変数 x と y の間に

$$y = ba^x$$

という関係が想定される場合の回帰分析について考えてみる。このままでは、1次式ではないので、線形回帰の手法は使えない。そこで、両辺の**対数** (logarithm) をとってみる[4]。すると

$$\log y = (\log a)x + \log b$$

となる。ここで

$$w = \log y \qquad A = \log a \qquad B = \log b$$

と変換すると

$$w = Ax + B$$

となって、1次式に変換することができる。

後は、第2章で行ったものと同様の手法により、回帰係数 A と定数項 B を求めることができる。そのうえで、$A = \log a$ および $B = \log b$ という変換式を使っ

[4] この場合、対数としては常用対数、自然対数、あるいは任意の数を底とする対数ならば何でもよい。

て、a および b を求めることができる。

演習 3-1　表 3-1 に示したデータ x, y 間に　$y = ba^x$　という関係が予測できるという前提のもとで回帰式を求めよ。

表 3-1　2 次元データ

i	x	y
1	0	2
2	1	6
3	2	12
4	3	24

解）　$y = ba^x$ の両辺の**常用対数** (common logarithm) をとれば

$$\log_{10} y = (\log_{10} a)x + \log_{10} b$$

となる。よって、y のかわりに $w = \log_{10} y$ を従属変数とすれば、1 次式となる。

ここで $w = \log_{10} y$ 、 $A = \log_{10} a$ 、 $B = \log_{10} b$ と置くと

$$w = Ax + B$$

となる。そこで、w として y の常用対数を表にすると

表 3-2　$w = \log_{10} y$ の対応表

x	y	w
0	2	0.301
1	6	0.778
2	12	1.079
3	24	1.380

となる。この変換により、線形回帰分析が可能となる。まず、変数 x, w の平均を求めると

$$\bar{x}=\frac{0+1+2+3}{4}=1.5 \qquad \bar{w}=\frac{0.301+0.778+1.079+1.380}{4}\cong 0.88$$

つぎに、分散は

$$S_x{}^2=\frac{1}{4}\sum_{i=1}^{4}(x_i-\bar{x})^2=\frac{(0-1.5)^2+(1-1.5)^2+(2-1.5)^2+(3-1.5)^2}{4}=1.25$$

$$S_w{}^2=\frac{1}{4}\sum_{i=1}^{4}(w_i-\bar{w})^2$$

$$=\frac{(0.30-0.88)^2+(0.78-0.88)^2+(1.08-0.88)^2+(1.38-0.88)^2}{4}\cong 0.16$$

となり、共分散は

$$S_{xw}=\frac{1}{4}\sum_{i=1}^{4}(x_i-\bar{x})(w_i-\bar{w})$$

$$=\frac{1}{4}\{(0-1.5)(0.30-0.88)+(1-1.5)(0.78-0.88)$$

$$+(2-1.5)(1.08-0.88)+(3-1.5)(1.38-0.88)\}\cong 0.44$$

となる。よって、回帰係数は

$$A=\frac{S_{xw}}{S_x{}^2}=\frac{0.44}{1.25}\cong 0.35$$

と与えられる。つぎに

$$\bar{x}=1.25 \qquad \bar{w}=0.88$$

から、定数項は

$$B=\bar{w}-A\bar{x}=0.88-0.35\times 1.25=0.44$$

となり、回帰直線は

$$w=Ax+B=0.35x+0.44$$

と与えられる。

ここで、この結果を元に、回帰曲線を求めてみよう。すると

$$A=\log_{10}a \quad から \quad a=10^A=10^{0.35}\cong 2.24$$

$$B=\log_{10}b \quad から \quad b=10^B=10^{0.44}\cong 2.75$$

となり、回帰式としては

$$y=ba^x=(2.75)\,2.24^x$$

が得られる。

変数 x と変数 w との相関係数を求めると

$$R_{xw}=\frac{S_{xw}}{S_xS_w}=\frac{0.44}{\sqrt{1.25}\times\sqrt{0.16}}\cong 0.98$$

となって、かなり強い正の相関のあることがわかる。ただし、ここで、留意すべきは、0.98 は $w=\log_{10}y$ と変換された後の x と w の相関係数であり、あくまでも参考値ということである。つまり、この相関係数は、もとの変数 x と y の相関の高さを保証するものではないことに注意が必要となる。

演習 3-2　表 3-3 のデータが与えられているとき、その回帰式を求めよ。ただし、これら変数は $y=be^{ax}$ という関係にあるものと仮定する。

表 3-3　2 次元データ

i	x	y
1	0	4.00
2	1	1.47
3	2	0.54
4	3	0.20

解）　$y=be^{ax}$ の両辺の**自然対数** (natural logarithm) をとれば

$$\ln y = ax + \ln b$$

となる[5]。ここで $w=\ln y$, $B=\ln b$ と置くと

$$w = ax + B$$

のような 1 次式に変換できる。

そこで、w として y の自然対数をとって表にすると

[5] 底をネイピア数 e とする対数 $\log_e y$ を自然対数と呼び、$\ln y$ と表記する。

表 3-4　$w = \ln y$ との対応表

x	y	w
0	4.00	1.39
1	1.47	0.39
2	0.54	−0.62
3	0.20	−1.61

となる。平均値を求めると

$$\bar{x} = 1.5 \qquad \bar{w} = -0.11$$

から、各成分の平均からの偏差は表 3-5 のようになる。

表 3-5　偏差のデータ

x	$x-\bar{x}$	w	$w-\bar{w}$
0	−1.5	1.39	1.50
1	−0.5	0.39	0.50
2	0.5	−0.62	−0.51
3	1.5	−1.61	−1.50

この表から、分散（標準偏差）は

$$S_x{}^2 = \frac{1}{4}\sum_{i=1}^{4}(x_i - \bar{x})^2 = \frac{(-1.5)^2 + (-0.5)^2 + (0.5)^2 + (1.5)^2}{4} = 1.25$$

$$S_w{}^2 = \frac{1}{4}\sum_{i=1}^{4}(w_i - \bar{w})^2 = \frac{(1.5)^2 + (0.5)^2 + (-0.51)^2 + (-1.5)^2}{4} \cong 1.25$$

共分散は

$$S_{xw} = \frac{1}{4}\sum_{i=1}^{4}(x_i - \bar{x})(w_i - \bar{w})$$

$$= \frac{1}{4}\{(-1.5)\times(1.5) + (-0.5)\times(0.5) + (0.5)\times(-0.51) + (1.5)\times(-1.5)\} \cong -1.25$$

と与えられる。よって、回帰係数は

$$a = \frac{S_{xw}}{S_x^{\ 2}} = \frac{-1.25}{1.25} = -1$$

となる。定数項は

$$B = \overline{w} - a\overline{x} = -0.11 - (-1) \times 1.5 = 1.39$$

となり、回帰直線は

$$w = ax + B = -x + 1.39$$

と与えられる。ここで

$$B = \ln b \quad \text{から} \quad b = e^B = \exp(1.39) \cong 4$$

となり、回帰式として

$$y = be^{ax} = 4\,e^{-x}$$

が得られる。

変数 x と変数 w との相関係数を求めると

$$R_{xw} = \frac{S_{xw}}{S_x S_w} = \frac{-1.25}{\sqrt{1.25} \times \sqrt{1.25}} = -1$$

となって、かなり強い負の相関のあることがわかる。ただし、前述したように、この相関係数は $w = \ln y$ と変換された後の値であって、あくまでも参考値である。

ここで、回帰式に e^{-x} の項が入っている。前章で示したように

$$e^x = 1 + x + \frac{1}{2!}x^2 + \frac{1}{3!}x^3 + \frac{1}{4!}x^4 + ... + \frac{1}{n!}x^n + ...$$

と級数展開できるので

$$e^{-x} = 1 - x + \frac{1}{2!}x^2 - \frac{1}{3!}x^3 + \frac{1}{4!}x^4 + ... + \frac{1}{n!}(-x)^n + ...$$

となる。これを 2 次式で近似すれば

$$e^{-x} \cong 1 - x + \frac{1}{2!}x^2 = 0.5x^2 - x + 1$$

となる。つまり、表 3-3 のデータは 2 次式

$$y = 4e^{-x} = 2x^2 - 4x + 4$$

によって回帰できる可能性があることを示している。

そこで、表 3-3 のデータから、2 次式：$y = ax^2 + bx + c$ に回帰するために必要なデータを表 3-6 にまとめている。

表 3-6　正規方程式用のデータ

x	x^2	x^3	x^4	y	xy	x^2y
0	0	0	0	4.00	0	0
1	1	1	1	1.47	1.47	1.47
2	4	8	16	0.54	1.08	2.16
3	9	27	81	0.20	0.60	1.80
$\Sigma x=6$	$\Sigma x^2=14$	$\Sigma x^3=36$	$\Sigma x^4=98$	$\Sigma y=6.21$	$\Sigma xy=3.15$	$\Sigma x^2y=5.43$

ここで、a, b, c の満足すべき正規方程式は

$$\begin{pmatrix} \sum x^4 & \sum x^3 & \sum x^2 \\ \sum x^3 & \sum x^2 & \sum x \\ \sum x^2 & \sum x & \sum 1 \end{pmatrix} \begin{pmatrix} a \\ b \\ c \end{pmatrix} = \begin{pmatrix} \sum x^2 y \\ \sum xy \\ \sum y \end{pmatrix}$$

となる。表 3-6 のデータを代入すると

$$\begin{pmatrix} 98 & 36 & 14 \\ 36 & 14 & 6 \\ 14 & 6 & 4 \end{pmatrix} \begin{pmatrix} a \\ b \\ c \end{pmatrix} = \begin{pmatrix} 5.43 \\ 3.15 \\ 6.21 \end{pmatrix}$$

となる。

ここで係数行列の逆行列は

$$\begin{pmatrix} 98 & 36 & 14 \\ 36 & 14 & 6 \\ 14 & 6 & 4 \end{pmatrix}^{-1} = \begin{pmatrix} 0.25 & -0.75 & 0.25 \\ -0.75 & 2.45 & -1.05 \\ 0.25 & -1.05 & 0.95 \end{pmatrix}$$

となる[6]ので

[6] この逆行列は Microsoft EXCEL の MINVERSE 関数により求めている。

$$\begin{pmatrix} a \\ b \\ c \end{pmatrix} = \begin{pmatrix} 0.25 & -0.75 & 0.25 \\ -0.75 & 2.45 & -1.05 \\ 0.25 & -1.05 & 0.95 \end{pmatrix} \begin{pmatrix} 5.43 \\ 3.15 \\ 6.21 \end{pmatrix} = \begin{pmatrix} 0.55 \\ -2.88 \\ 3.95 \end{pmatrix}$$

から、回帰式は

$$y = 0.55x^2 - 2.88x + 3.95$$

となり、指数関数を仮定した回帰結果とは、少し異なった式が得られる。これは、よく考えれば当然で、本来、e^{-x} は無限級数であるのを、2 次の項で切って近似しているからである。さらに、データ数も、簡単化のために 4 個としている。実際の解析においては、これよりも多いデータ数を解析するので、より精度は高くなるはずである。ちなみに、回帰式が $y = 0.55x^2 - 2.88x + 3.95$ と $y = 4e^{-x}$ の場合のフィッティングの比較を表 3-7 に示す。

表 3-7　フィッティングの比較

x	2次回帰式	指数回帰式	y
0	3.95	4.00	4.00
1	1.62	1.47	1.47
2	0.39	0.54	0.54
3	0.26	0.20	0.20

e^{-x} の級数展開式の高次の項を取り入れ

$$e^{-x} = 1 - x + \frac{1}{2!}x^2 - \frac{1}{3!}x^3 \qquad e^{-x} = 1 - x + \frac{1}{2!}x^2 - \frac{1}{3!}x^3 + \frac{1}{4!}x^4$$

のように 3 次式あるいは 4 次式とすれば、さらにフィッティングの精度は向上するものと考えられる。

3. 2.　指数曲線 — 両対数の場合

ふたつの変数 x と y の間に

$$y = bx^a$$

という関係が想定される場合の回帰分析について考えてみる。両辺の対数をとる

と

$$\log y = (\log x)a + \log b$$

となる。ここで

$$w = \log y \qquad u = \log x \qquad B = \log b$$

と置くと

$$w = au + B$$

となって、1 次式に変換することができる。後は、前節で行った手法を使えば、回帰直線の回帰係数 a と定数項 B を求めることができ、その後に逆変換すれば、a および b を求めることができる。

演習 3-3　表 3-8 のような 2 次元データが与えられているときに、その回帰式を求めよ。ただし、これら変数間には $y = bx^a$ という関係が成立すると仮定する。

表 3-8　2 次元データ

i	x	y
1	1	1
2	2	4
3	4	16
4	5	25

解）　$y = bx^a$ の両辺の常用対数をとれば

$$\log y = (\log x)\, a + \log b$$

となる。ただし、底の 10 は省略している。

ここで、$w = \log y$ 、$u = \log x$ 、$B = \log b$ と変換すると

$$w = au + B$$

のように 1 次式になる。u および w を表にすると

表 3-9　$u = \log x$ および $w = \log y$ の対応表

x	u	y	w
1	0	1	0
2	0.301	4	0.602
4	0.602	16	1.204
5	0.700	25	1.398

となる。平均を求めると

$$\overline{u} = 0.401 \qquad \overline{w} = 0.801$$

つぎに、分散は

$$S_u{}^2 = \frac{1}{4}\sum_{i=1}^{4}(u_i - \overline{u})^2 = 0.075 \qquad S_w{}^2 = \frac{1}{4}\sum_{i=1}^{4}(w_i - \overline{w})^2 = 0.300$$

共分散は

$$S_{uw} = \frac{1}{4}\sum_{i=1}^{4}(u_i - \overline{u})(w_i - \overline{w}) = 0.150$$

となる。よって、回帰係数 a は

$$a = \frac{S_{uw}}{S_u{}^2} = \frac{0.150}{0.075} = 2$$

と与えられる。定数項は

$$B = \overline{w} - a\overline{u} = 0.801 - 2\times 0.401 = -0.01$$

となり、回帰直線は

$$w = au + B = 2u - 0.01$$

となる。ここで

$$B = \log b \qquad \text{から} \qquad b = 10^{-0.01} = 0.98$$

となり、回帰式として

$$y = bx^a = (0.98)\,x^2$$

が得られる。

この結果は、回帰式が 2 次式となることを示している。そこで、表 3-8 のデー

タをもとに、$y = ax^2+bx+c$ への回帰に必要な成分と積和のデータを表 3-10 にまとめて表示している。

表 3-10　回帰式を求めるための成分と和

x	y	x^2	x^3	x^4	x^2y	xy
1	1	1	1	1	1	1
2	4	4	8	16	16	8
4	16	16	64	256	256	64
5	25	25	125	625	625	125
$\Sigma x=12$	$\Sigma y=46$	$\Sigma x^2=46$	$\Sigma x^3=198$	$\Sigma x^4=898$	$\Sigma x^2y=898$	$\Sigma xy=198$

　ここで、正規方程式

$$\begin{pmatrix} \sum x^4 & \sum x^3 & \sum x^2 \\ \sum x^3 & \sum x^2 & \sum x \\ \sum x^2 & \sum x & \sum 1 \end{pmatrix} \begin{pmatrix} a \\ b \\ c \end{pmatrix} = \begin{pmatrix} \sum x^2 y \\ \sum xy \\ \sum y \end{pmatrix}$$

に、表 3-10 のデータを代入すると

$$\begin{pmatrix} 898 & 198 & 46 \\ 198 & 46 & 12 \\ 46 & 12 & 4 \end{pmatrix} \begin{pmatrix} a \\ b \\ c \end{pmatrix} = \begin{pmatrix} 898 \\ 198 \\ 46 \end{pmatrix}$$

ここで、係数行列の逆行列[7]を計算すると

$$\begin{pmatrix} 898 & 198 & 46 \\ 198 & 46 & 12 \\ 46 & 12 & 4 \end{pmatrix}^{-1} = \frac{1}{90} \begin{pmatrix} 10 & -60 & 65 \\ -60 & 369 & -417 \\ 65 & -417 & 526 \end{pmatrix}$$

となり

$$\begin{pmatrix} a \\ b \\ c \end{pmatrix} = \frac{1}{90} \begin{pmatrix} 10 & -60 & 65 \\ -60 & 369 & -417 \\ 65 & -417 & 526 \end{pmatrix} \begin{pmatrix} 898 \\ 198 \\ 46 \end{pmatrix} = \begin{pmatrix} 1 \\ 0 \\ 0 \end{pmatrix}$$

[7] 逆行列は、行基本変形で求めたのち、Microsoft EXCEL の MINVERSE 関数を使って検算を行い、分数表記にしている。EXCEL で計算すると、結果は小数で表示されることに注意されたい。

から　$a=1, b=0, c=0$ が得られ、回帰式は

$$y=x^2$$

となる。

表 3-8 のデータを見れば、演習 3-3 で得られた回帰式 $y=0.98\,x^2$ よりも、こちらのほうが、フィッティングがよいことがわかる。このように、どのような関数を仮定するかによっても、得られる結果は異なることになる。

3. 3.　分数関数

それでは、分数関数の回帰について見てみよう。もっとも簡単な例として

$$y=\frac{a}{x}+b$$

を考える。この場合に、1 次式に変換するのは簡単で、$u=1/x$ と変換すればよい。すると

$$y=au+b$$

という 1 次式になり線形回帰の手法が使える。

演習 3-4　表 3-11 に示す 2 次元データが以下の式に従うという仮定のもとで

$$y=\frac{a}{x}+b$$

a, b の値を回帰分析により求めよ。

表 3-11　2 次元データ

i	x	y
1	1	3.0
2	2	2.0
3	4	1.5
4	5	1.4

解）　与式は$u=1/x$と置くことにより

$$y=au+b$$

という1次式に変換できる。

変換後のデータを表3-12に示す。

表 3-12　変換後のデータ

x	u	y
1	1.00	3.0
2	0.50	2.0
4	0.25	1.5
5	0.20	1.4

ここで、平均を求めると

$$\overline{u}=\frac{1+0.5+0.25+0.2}{4}\cong 0.49 \qquad \overline{y}=\frac{3.0+2.0+1.5+1.4}{4}\cong 2.0$$

となり、平均からの偏差は表3-13のようになる。

表 3-13　平均からの偏差

u	$u-\overline{u}$	y	$y-\overline{y}$
1	0.51	3.0	1.0
0.50	0.01	2.0	0
0.25	−0.24	1.5	−0.5
0.20	−0.29	1.4	−0.6

よって、分散（標準偏差）は

$$S_u{}^2=\frac{1}{4}\sum_{i=1}^{4}(u_i-\overline{u})^2=\frac{(0.51)^2+(0.01)^2+(-0.24)^2+(-0.29)^2}{4}\cong 0.1$$

$$S_y{}^2=\frac{1}{4}\sum_{i=1}^{4}(y_i-\overline{y})^2=\frac{(1.0)^2+(-0.5)^2+(-0.6)^2}{4}=0.40$$

共分散は

$$S_{uy} = \frac{1}{4}\sum_{i=1}^{N}(u_i - \overline{u})(y_i - \overline{y})$$
$$= \frac{(0.51)\times(1.0) + (-0.24)\times(-0.5) + (-0.29)\times(-0.6)}{4} \cong 0.2$$

となり、回帰係数 a は

$$a = \frac{S_{uy}}{S_u{}^2} = \frac{0.2}{0.1} = 2$$

と与えられる。定数項は

$$b = \overline{y} - a\overline{u} = 2.0 - 2\times 0.49 \cong 1$$

となり、回帰直線は

$$y = au + b = 2u + 1$$

と与えられる。ここで

$$u = 1/x$$

から、回帰式として

$$y = \frac{2}{x} + 1$$

が得られる。

ちなみに、本演習における データ u, y の正規方程式を行列で表現すれば

$$\begin{pmatrix} \sum x^2 & \sum x \\ \sum x & \sum 1 \end{pmatrix}\begin{pmatrix} a \\ b \end{pmatrix} = \begin{pmatrix} \sum xy \\ \sum y \end{pmatrix}$$

となる。この手法で a, b を求めてみよう。必要な成分と積和のデータを表 3-14 に示している。

表 3-14 から、正規方程式は

$$\begin{pmatrix} 1.35 & 1.95 \\ 1.95 & 4 \end{pmatrix}\begin{pmatrix} a \\ b \end{pmatrix} = \begin{pmatrix} 4.66 \\ 7.90 \end{pmatrix}$$

となる。

表 3-14　積和のデータ

u	u^2	y	u_y
1	1	3.0	3.0
0.5	0.25	2.0	1.0
0.25	0.0625	1.5	0.375
0.2	0.04	1.4	0.28
$\Sigma u = 1.95$	$\Sigma u^2 = 1.35$	$\Sigma y = 7.9$	$\Sigma u_y = 4.66$

ここで 2×2 行列の逆行列は

$$\begin{pmatrix} a_{11} & a_{12} \\ a_{21} & a_{22} \end{pmatrix}^{-1} = \frac{1}{a_{11}a_{22} - a_{12}a_{21}} \begin{pmatrix} a_{22} & -a_{12} \\ -a_{21} & a_{11} \end{pmatrix}$$

と与えられる。よって

$$\begin{pmatrix} 1.35 & 1.95 \\ 1.95 & 4 \end{pmatrix}^{-1} = \frac{1}{1.6} \begin{pmatrix} 4 & -1.95 \\ -1.95 & 1.35 \end{pmatrix} = \begin{pmatrix} 2.5 & -1.22 \\ -1.22 & 0.84 \end{pmatrix}$$

したがって

$$\begin{pmatrix} a \\ b \end{pmatrix} = \begin{pmatrix} 1.35 & 1.95 \\ 1.95 & 4 \end{pmatrix}^{-1} \begin{pmatrix} 4.66 \\ 7.90 \end{pmatrix} = \begin{pmatrix} 2.5 & -1.22 \\ -1.22 & 0.85 \end{pmatrix} \begin{pmatrix} 4.66 \\ 7.90 \end{pmatrix} \cong \begin{pmatrix} 2.01 \\ 1.03 \end{pmatrix}$$

となり、回帰式は

$$y = 2.01u + 1.03$$

となる。

逆行列を求める場合と分散を利用して求める場合では、端数の関係で少し値が異なることに注意していただきたい。

回帰分析では、正規方程式の行列による解法と、標準偏差や共分散を利用して係数を求める方法があるが、それぞれに、一長一短がある。本書では、演習の意味も兼ねて、両方の手法で解を求めている。

演習 3-5　表 3-15 に示す 2 次元データが以下の式に従うという仮定のもとで

$$y = \frac{1}{ax + b}$$

a, b の値を回帰分析により求めよ。

表 3-15　2 次元データ

i	x	y
1	0.25	0.66
2	0.5	0.50
3	1	0.33
4	2	0.20

解）　$w = 1/y$ と置くと

$$w = ax + b$$

となる。よって、変数 x と w の直線回帰となる。

表 3-16　x と w の対応表

x	w
0.25	1.5
0.5	2
1	3
2	5

回帰式は 1 次式となるが、ここでは、正規方程式の行列による解法を試みる。解析に必要なデータを表 3-17 にまとめる。

表 3-17　正規方程式に必要なデータ

x	x^2	w	xw
0.25	0.0625	1.5	0.375
0.5	0.25	2	1
1	1	3	3
2	4	5	10
$\Sigma x = 3.75$	$\Sigma x^2 = 5.31$	$\Sigma w = 11.5$	$\Sigma xw = 14.38$

このとき、正規方程式

$$\begin{pmatrix} \sum x^2 & \sum x \\ \sum x & \sum 1 \end{pmatrix} \begin{pmatrix} a \\ b \end{pmatrix} = \begin{pmatrix} \sum xw \\ \sum w \end{pmatrix}$$

に対応した行列は

$$\begin{pmatrix} 5.31 & 3.75 \\ 3.75 & 4 \end{pmatrix} \begin{pmatrix} a \\ b \end{pmatrix} = \begin{pmatrix} 14.38 \\ 11.5 \end{pmatrix}$$

となる。逆行列を使って解法すると

$$\begin{pmatrix} a \\ b \end{pmatrix} = \begin{pmatrix} 0.56 & -0.52 \\ -0.52 & 0.74 \end{pmatrix} \begin{pmatrix} 14.38 \\ 11.5 \end{pmatrix} \cong \begin{pmatrix} 2 \\ 1 \end{pmatrix}$$

となり、回帰式は

$$y = \frac{1}{2x+1}$$

と与えられる。

さらに、分数関数に指数関数が含まれる場合にも、同様の工夫をすることで1次式に変換が可能な場合もある。

> **演習 3-6**　つぎの関数を適当な変数変換を施すことで、1次式に変換せよ。
>
> $$y = \frac{e^{ax+b}}{1+e^{ax+b}}$$

解）　まず

$$t = e^{ax+b}$$

と置くと、この関数は

$$y = \frac{t}{1+t}$$

となる。これを t について解くと

$$(1+t)\,y = t \qquad y + ty = t \qquad y = t(1-y)$$

となって

$$t = \frac{y}{1-y}$$

となる。よって

$$\frac{y}{1-y} = e^{ax+b}$$

ここで、両辺の自然対数をとると

$$\ln\left(\frac{y}{1-y}\right) = ax + b$$

つまり $w = \ln\left(\frac{y}{1-y}\right)$ という変数変換を行えば

$$w = ax + b$$

という 1 次式が得られる。

このように、1 次式に変換できたならば、後は、線形回帰分析の手法で a, b を決定できることになる。

3. 4.　その他の関数

3. 4. 1.　対数関数

対数の入った

$$y = a\log x + b$$

は、$u = \log x$ と置くと 1 次式の $y = au + b$ に変形できる。

演習 3-7　表 3-18 に示す 2 次元データが以下の式に従うという仮定のもとで

$$y = a\log_{10} x + b$$

a, b の値を回帰分析により求めよ。

表 3-18　2 次元データ

i	x	y
1	0.1	1
2	1	2
3	3	2.5
4	5	2.7
5	10	3

解）　$u = \log_{10} x$ と置くと

$$y = au + b$$

となる。よって、変数 u と y の直線回帰となる。

表 3-19　$u = \log_{10} x$ の対応

x	u	y
0.1	−1	1
1	0	2
3	0.48	2.5
5	0.7	2.7
10	1	3

ここで、変数 u および y の平均は

$$\bar{u} = \frac{-1+0+0.48+0.7+1}{5} = 0.24 \qquad \bar{y} = \frac{1+2+2.5+2.7+3}{5} = 2.24$$

となり、各成分の平均値からの偏差は表 3-20 のように与えられる。

よって、標準偏差は

$$S_u{}^2 = \frac{1}{5}\sum_{i=1}^{5}(u_i - \bar{u})^2$$
$$= \frac{(-1.24)^2 + (-0.24)^2 + (0.24)^2 + (0.46)^2 + (0.76)^2}{5} \cong 0.49$$

$$S_y{}^2 = \frac{1}{5}\sum_{i=1}^{5}(y_i - \overline{y})^2$$
$$= \frac{(-1.24)^2 + (-0.24)^2 + (0.26)^2 + (0.46)^2 + (0.76)^2}{5} \cong 0.49$$

表 3-20　平均からの偏差のデータ

u	$u-\overline{u}$	y	$y-\overline{y}$
−1	−1.24	1	−1.24
0	−0.24	2	−0.24
0.48	0.24	2.5	0.26
0.7	0.46	2.7	0.46
1	0.76	3	0.76

共分散は

$$S_{uy} = \frac{1}{5}\sum_{i=1}^{5}(u_i - \overline{u})(y_i - \overline{y})$$
$$= \frac{(-1.24)\times(-1.24) + (-0.24)\times(-0.24) + (0.24)\times(0.26) + (0.46)\times(0.46) + (0.76)\times(0.76)}{5}$$
$$= 0.49$$

となる。したがって、回帰係数 a は

$$a = \frac{S_{uy}}{S_u{}^2} = \frac{0.49}{0.49} = 1$$

と与えられる。定数項は

$$b = \overline{y} - a\overline{u} = 2.24 - 1\times 0.24 = 2$$

となり、回帰直線は

$$y = u + 2$$

回帰曲線は

$$y = \log_{10}x + 2$$

となる。

実際に、この回帰曲線に表 3-18 のデータ x を代入すると、標本データの y とよい一致を示すことが確かめられる。

3. 4. 2. 無理関数

無理関数とは、根号の中に変数を含む関数のことである。たとえば

$$\sqrt{y} = ax + b \qquad y = a\sqrt{x} + b$$

などが、無理関数である。最初の式は $w = \sqrt{y}$ と置くと

$$w = ax + b$$

つぎの式は、$u = \sqrt{x}$ と置くと

$$y = au + b$$

のように 1 次式となる。この 1 次式に対して、最小 2 乗法を適用すれば、データセットをもとに未知の a, b を決定できる。

演習 3-8　表 3-21 に示す 2 次元データが以下の式に従うという仮定のもとで

$$\sqrt{y} = a\sqrt{x} + b$$

a, b の値を回帰分析により求めよ。

表 3-21　2 次元データ

i	x	y
1	0	1
2	1	4
3	4	9
4	9	16
5	16	25

解）　$w = \sqrt{y}$, $u = \sqrt{x}$ と置くと

$$w = au + b$$

となる。よって、変数 u と w の直線回帰となる。変数 u と w の対応を表 3-22 に示す。

表 3-22　$w=\sqrt{y}$, $u=\sqrt{x}$ の対応表

x	u	y	w
0	0	1	1
1	1	4	2
4	2	9	3
9	3	16	4
16	4	25	5

新たな変数 u, w の平均は

$$\bar{u} = \frac{0+1+2+3+4}{5} = 2 \qquad \bar{w} = \frac{1+2+3+4+5}{5} = 3$$

となる。

各成分の平均値からの偏差は表 3-23 のように与えられる。

表 3-23　平均からの偏差のデータ

u	$u-\bar{u}$	w	$w-\bar{w}$
0	−2	1	−2
1	−1	2	−1
2	0	3	0
3	1	4	1
4	2	5	2

よって、分散（標準偏差）は

$$S_u{}^2 = \frac{1}{5}\sum_{i=1}^{5}(u_i - \bar{u})^2 = \frac{(-2)^2 + (-1)^2 + (0)^2 + (1)^2 + (2)^2}{5} = 2$$

$$S_w{}^2 = \frac{1}{5}\sum_{i=1}^{5}(w_i - \overline{w})^2 = \frac{(-2)^2 + (-1)^2 + (0)^2 + (1)^2 + (2)^2}{5} = 2$$

共分散は

$$S_{uw} = \frac{1}{5}\sum_{i=1}^{5}(u_i - \overline{u})(w_i - \overline{w})$$
$$= \frac{(-2)\times(-2) + (-1)\times(-1) + (0)\times(0) + (1)\times(1) + (2)\times(2)}{5} = 2$$

となる。したがって、回帰係数 a は

$$a = \frac{S_{uy}}{S_u{}^2} = \frac{2}{2} = 1$$

と与えられる。定数項は

$$b = \overline{w} - a\overline{u} = 3 - 1\times 2 = 1$$

となり、回帰直線は

$$w = u + 1$$

回帰曲線は

$$\sqrt{y} = \sqrt{x} + 1$$

となる。

以上のように変数を適当に置き換えることで、回帰式を 1 次式とすることができれば、線形回帰の手法を適用して、回帰曲線を導出することが可能となる。

それでは、いくつか非線形回帰の応用事例を見ていきたいと思う。まずは、熱力学におけるポアソンの法則を紹介する。

3. 5. ポアソンの法則

理想気体 (ideal gas) の圧力 (pressure: p) と体積 (volume: V) の間には

$$pV = C$$

という関係が成立する。C は**定数** (constant) であり、これは**ボイルの法則** (Boyle's law) として知られている。一方、理想気体が断熱変化するとき、その圧

力 p と体積 V は、ポアソンの法則

$$pV^{\gamma}=C$$

に従うことが知られている。ただし、γ は定数である。

演習 3-9　理想気体の断熱変化における p と V の変化が表 3-24 で与えられるとき、p ならびに V が

$$pV^{\gamma}=C$$

という式に従うという仮定のもとで γ, C の値を回帰分析により求めよ。

表 3-24　p と V の変化

p	V
1	2.8
2	2
4	1.4
8	1
16	0.7

解）　$pV^{\gamma}=C$ の両辺の常用対数をとると

$$\log p+\gamma\log V=\log C$$

となる（底の 10 は省略してある）。

ここで

$$y=\log p\,,\quad x=\log V\,,\quad a=-\gamma\,,\quad b=\log C$$

と置くと

$$y=ax+b$$

という 1 次式となる。

そのうえで、x, y の対応表をつくると表 3-25 のようになる。

表 3-25　$x = \log V$ および $y = \log p$ の対応表

V	x	p	y
2.8	0.45	1	0
2	0.30	2	0.3
1.4	0.15	4	0.6
1	0	8	0.9
0.7	−0.15	16	1.2

ここで、変数 x および y の平均は

$$\overline{x} = \frac{0.45 + 0.3 + 0.15 + 0 + (-0.15)}{5} = 0.15$$

$$\overline{y} = \frac{0 + 0.3 + 0.6 + 0.9 + 1.2}{5} = 0.6$$

となり、各成分の平均値からの偏差は表 3-26 のように与えられる。

表 3-26　平均からの偏差のデータ

x	$x - \overline{x}$	y	$y - \overline{y}$
0.45	0.30	0	−0.6
0.30	0.15	0.3	−0.3
0.15	0	0.6	0
0	−0.15	0.9	0.3
−0.15	−0.30	1.2	0.6

よって、分散（標準偏差）は

$$S_x{}^2 = \frac{1}{5}\sum_{i=1}^{5}(x_i - \overline{x})^2$$

$$= \frac{(0.3)^2 + (0.15)^2 + (0)^2 + (-0.15)^2 + (-0.3)^2}{5} = 0.045$$

$$S_y{}^2 = \frac{1}{5}\sum_{i=1}^{5}(y_i - \overline{y})^2$$
$$= \frac{(-0.6)^2 + (-0.3)^2 + (0)^2 + (0.3)^2 + (0.6)^2}{5} = 0.18$$

共分散は

$$S_{xy} = \frac{1}{5}\sum_{i=1}^{5}(x_i - \overline{x})(y_i - \overline{y})$$
$$= \frac{(0.3)\times(-0.6) + (0.15)\times(-0.3) + (0)\times(0) + (-0.15)\times(0.3) + (-0.3)\times(0.6)}{5}$$
$$= -0.09$$

となる。

したがって、回帰係数 a は

$$a = \frac{S_{xy}}{S_x{}^2} = \frac{-0.09}{0.045} = -2$$

と与えられる。定数項は

$$b = \overline{y} - a\overline{x} = 0.6 - (-2)\times 0.15 = 0.9$$

となり、回帰直線は

$$y = -2x + 0.9$$

となる。ここで、$a = -\gamma, b = \log C$ であったから

$$\gamma = 2,\ C = 10^{0.9} = 7.9$$

であるから、回帰曲線は

$$pV^2 = 7.9$$

となる。

熱力学によると、γ は定圧比熱 $C_p = 5R$ と定積比熱 $C_v = 3R$ の比となり、$5/3 \cong 1.7$ となることが知られている。

3. 6.　ロジスティック曲線

生物の個体数のように、初期は少なく、中途で大きくなり、その後飽和に近づ

くような現象は、いろいろな場面で観察される。このような現象を表す関数を**ロジスティック関数** (logistic function) と呼び、グラフを**ロジスティック曲線** (logistic curve) と呼んでいる。曲線は、図 3-1 のようになる。

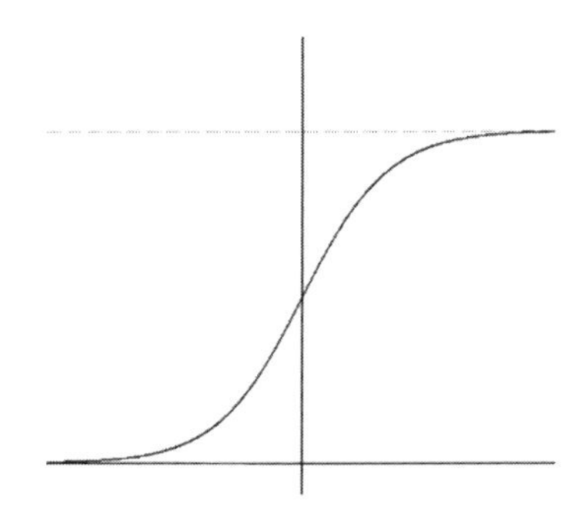

図 3-1　ロジスティック曲線

ロジスティック曲線は

$$y = \frac{K}{1 + be^{-ax}}$$

と与えられるが、本質は変わらないので、ここでは、$K = 1$ として

$$y = \frac{1}{1 + be^{-ax}}$$

を考える。この式を変換して、1 次式となれば、線形回帰の手法が使えることになる。

> **演習 3-10**　　つぎの関数を適当な変数変換を施すことで、1 次式に変換せよ。
>
> $$y = \frac{1}{1 + be^{-ax}}$$

解)　両辺の逆数をとると

$$\frac{1}{y} = 1 + be^{-ax}$$

となる。よって

$$\frac{1}{y} - 1 = be^{-ax} \qquad \frac{1-y}{y} = be^{-ax}$$

となる。両辺の自然対数をとると

$$\ln\left(\frac{1-y}{y}\right) = -ax + \ln b$$

となる。ここで

$$w = \ln\left(\frac{1-y}{y}\right) \qquad B = \ln b$$

という変換を行えば

$$w = -ax + B$$

のような 1 次式に変換することができる。

もちろん、すべての関数が変数変換によって 1 次式に変形できるわけではない。この場合には、線形回帰の手法を直接使うわけにはいかないが、すでに紹介したように、2 次式、3 次式のような多項式においても、線形回帰の手法を応用できる。

第4章　重回帰分析

いままで取り扱ってきた回帰分析は**独立変数** (independent variable) が 1 個の場合であったが、当然、独立変数が 2 個以上ある場合もある[8]。むしろ、一般の現象に回帰分析を利用する場合には、独立変数が複数の場合が主流である。このような解析を**多変量解析** (multi-variate analysis) と呼んでいる。また、このような複数の独立変数に対応した回帰分析を**重回帰分析** (multiple regression analysis) と呼んでいる。これに対し、独立変数が 1 個しかない回帰分析を**単回帰分析** (single regression analysis) と区別して呼ぶこともある。

4. 1.　独立変数が 2 個の場合

まず重回帰式として最も単純な、独立変数が 2 個の場合の回帰式は

$$y = a_0 + a_1x_1 + a_2x_2$$

のように、独立変数 x_1 と x_2 を含むことになる。この結果、重回帰式の回帰係数は複数あるが、それを**偏回帰係数** (partial regression coefficient) と呼んでいる。ここで解析データとして

表 4-1

i	x_{1i}	x_{2i}	y_i
1	x_{11}	x_{21}	y_1
2	x_{12}	x_{22}	y_2
3	x_{13}	x_{23}	y_3
:	:	:	:
n	x_{1n}	x_{2n}	y_n

[8] 独立変数のことを説明変量、従属変数を目的変量とも呼ぶ。

という標本を考える。回帰式の係数の決め方は単回帰分析の場合と同様である。つまり、n 個のデータ点の、この直線からの誤差が最小になるように係数を決める。この誤差は

$$e_i = y_i - (a_0 + a_1 x_{1i} + a_2 x_{2i})$$

と与えられる。そして

$$L = {e_1}^2 + {e_2}^2 + ... + {e_n}^2$$

あるいは

$$L = (y_1 - a_0 - a_1 x_{11} - a_2 x_{21})^2 + (y_2 - a_0 - a_1 x_{12} - a_2 x_{22})^2 + ... + (y_n - a_0 - a_1 x_{1n} - a_2 x_{2n})^2$$

$$= \sum_{i=1}^{n} (y_i - a_0 - a_1 x_{1i} - a_2 x_{2i})^2$$

の値が最小になるように係数 a_0, a_1, a_2 を決めればよいことになる。この方法は**最小 2 乗法** (method of least squares) そのものである。ここで、L は、a_0, a_1, a_2 の 3 変数関数となり

$$L = L(a_0, a_1, a_2)$$

となる。

そして、この関数が極値をとる条件である

$$\frac{\partial L(a_0, a_1, a_2)}{\partial a_0} = 0 \qquad \frac{\partial L(a_0, a_1, a_2)}{\partial a_1} = 0 \qquad \frac{\partial L(a_0, a_1, a_2)}{\partial a_2} = 0$$

から、係数 a_0, a_1, a_2 を求めればよい。

演習 4-1　L の a_1 に関する偏導関数が $\dfrac{\partial L(a_0, a_1, a_2)}{\partial a_1} = 0$ となる条件を求めよ。

解）

$$\frac{\partial L}{\partial a_1} = -2x_{11}(y_1 - a_0 - a_1 x_{11} - a_2 x_{21}) - ... - 2x_{1n}(y_n - a_0 - a_1 x_{1n} - a_2 x_{2n})$$

であるから $\partial L / \partial a_1 = 0$ より

$$(x_{11} y_1 + ... + x_{1n} y_n) - a_0(x_{11} + ... + x_{1n}) - a_1({x_{11}}^2 + ... + {x_{1n}}^2) - a_2(x_{11} x_{21} + ... + x_{1n} x_{2n}) = 0$$

となる。

シグマ記号を使って表記すると

$$L(a_0, a_1, a_2) = \sum_{i=1}^{n} (y_i - a_0 - a_1 x_{1i} - a_2 x_{2i})^2$$

から

$$\frac{\partial L(a_0, a_1, a_2)}{\partial a_1} = \sum_{i=1}^{n} \{-2x_{1i} (y_i - a_0 - a_1 x_{1i} - a_2 x_{2i})\}$$

となり

$$\sum_{i=1}^{n} x_{1i} (y_i - a_0 - a_1 x_{1i} - a_2 x_{2i}) = 0$$

となる。項ごとに整理すると

$$\sum_{i=1}^{n} x_{1i} y_i - a_0 \sum_{i=1}^{n} x_{1i} - a_1 \sum_{i=1}^{n} x_{1i}{}^2 - a_2 \sum_{i=1}^{n} x_{1i} x_{2i} = 0$$

が得られる。

演習 4-2 L の a_2 に関する偏導関数が $\dfrac{\partial L(a_0, a_1, a_2)}{\partial a_2} = 0$ となる条件を求めよ。

解）

$$\frac{\partial L}{\partial a_2} = \{-2x_{21}(y_1 - a_0 - a_1 x_{11} - a_2 x_{21})\} + ... + \{-2x_{2n}(y_n - a_0 - a_1 x_{1n} - a_2 x_{2n})\}$$

であるから $\partial L / \partial a_2 = 0$ より

$$(x_{21} y_1 + ... + x_{2n} y_n) - a_0 (x_{21} + ... + x_{2n})$$
$$- a_1 (x_{21} x_{11} + ... + x_{2n} x_{1n}) - a_2 (x_{21}{}^2 + ... + x_{2n}{}^2) = 0$$

となる。

シグマ記号を使って表記すると

$$L(a_0,a_1,a_2)=\sum_{i=1}^{n}(y_i-a_0-a_1x_{1i}-a_2x_{2i})^2$$

から

$$\frac{\partial L(a_0,a_1,a_2)}{\partial a_2}=\sum_{i=1}^{n}\left\{-2x_{2i}(y_i-a_0-a_1x_{1i}-a_2x_{2i})\right\}$$

となり

$$\sum_{i=1}^{n}x_{2i}(y_i-a_0-a_1x_{1i}-a_2x_{2i})=0$$

が条件となる。項ごとに整理すると

$$\sum_{i=1}^{n}x_{2i}y_i-a_0\sum_{i=1}^{n}x_{2i}-a_1\sum_{i=1}^{n}x_{2i}x_{1i}-a_2\sum_{i=1}^{n}{x_{2i}}^2=0$$

が得られる。

演習 4-3　L の a_0 に関する偏導関数が $\dfrac{\partial L(a_0,a_1,a_2)}{\partial a_0}=0$ となる条件を求めよ。

解）

$$\frac{\partial L}{\partial a_0}=\left\{-2(y_1-a_0-a_1x_{11}-a_2x_{21})\right\}+\ldots+\left\{-2(y_n-a_0-a_1x_{1n}-a_2x_{2n})\right\}$$

であるから $\partial L/\partial a_0=0$ より

$$(y_1+\ldots+y_n)-na_0-a_1(x_{11}+\ldots+x_{1n})-a_2(x_{21}+\ldots+x_{2n})=0$$

という条件が得られる。

シグマ記号を使って表記すると

$$L(a_0,a_1,a_2)=\sum_{i=1}^{n}(y_i-a_0-a_1x_{1i}-a_2x_{2i})^2$$

から

$$\frac{\partial L(a_0,a_1,a_2)}{\partial a_0}=\sum_{i=1}^{n}(-1)(y_i-a_0-a_1x_{1i}-a_2x_{2i})$$

となり

$$\sum_{i=1}^{n}(y_i - a_0 - a_1 x_{1i} - a_2 x_{2i}) = 0$$

が条件となる。項ごとに整理すると

$$\sum_{i=1}^{n} y_i - a_0 \sum_{i=1}^{n} 1 - a_1 \sum_{i=1}^{n} x_{1i} - a_2 \sum_{i=1}^{n} x_{2i} = 0$$

となるが

$$\sum_{i=1}^{n} 1 = n$$

であるので

$$\sum_{i=1}^{n} y_i - n a_0 - a_1 \sum_{i=1}^{n} x_{1i} - a_2 \sum_{i=1}^{n} x_{2i} = 0$$

となる。

変数が 3 個で方程式が

$$\sum_{i=1}^{n} x_{1i} y_i - a_0 \sum_{i=1}^{n} x_{1i} - a_1 \sum_{i=1}^{n} {x_{1i}}^2 - a_2 \sum_{i=1}^{n} x_{1i} x_{2i} = 0$$

$$\sum_{i=1}^{n} x_{2i} y_i - a_0 \sum_{i=1}^{n} x_{2i} - a_1 \sum_{i=1}^{n} x_{2i} x_{1i} - a_2 \sum_{i=1}^{n} {x_{2i}}^2 = 0$$

$$\sum_{i=1}^{n} y_i - a_0 \sum_{i=1}^{n} 1 - a_1 \sum_{i=1}^{n} x_{1i} - a_2 \sum_{i=1}^{n} x_{2i} = 0$$

のように 3 個あるので、具体的なデータを代入すれば、連立方程式を解くことで、a_0, a_1, a_2 の値を決めることができる。この 3 個の方程式を、単回帰の場合と同様に、**正規方程式** (normal equations) と呼んでいる。

これら 3 式を整理すると

$$a_0 \sum_{i=1}^{n} x_{1i} + a_1 \sum_{i=1}^{n} {x_{1i}}^2 + a_2 \sum_{i=1}^{n} x_{1i} x_{2i} = \sum_{i=1}^{n} x_{1i} y_i$$

$$a_0 \sum_{i=1}^{n} x_{2i} + a_1 \sum_{i=1}^{n} x_{2i} x_{1i} + a_2 \sum_{i=1}^{n} {x_{2i}}^2 = \sum_{i=1}^{n} x_{2i} y_i$$

$$a_0 \sum_{i=1}^{n} 1 + a_1 \sum_{i=1}^{n} x_{1i} + a_2 \sum_{i=1}^{n} x_{2i} = \sum_{i=1}^{n} y_i$$

となる。

略記号を使って表記すれば正規方程式は

$$a_0\sum x_1 + a_1\sum x_1^{\ 2} + a_2\sum x_1x_2 = \sum x_1y$$

$$a_0\sum x_2 + a_1\sum x_2x_1 + a_2\sum x_2^{\ 2} = \sum x_2y$$

$$a_0\sum 1 + a_1\sum x_1 + a_2\sum x_2 = \sum y$$

となる。

データ表をもとに、成分の和や積和を計算すればよいので、この表記のほうがわかりやすいと考えられる。

演習 4-4　正規方程式を行列表示にせよ。

解）

$$\begin{pmatrix} \sum x_1 & \sum x_1^{\ 2} & \sum x_1x_2 \\ \sum x_2 & \sum x_2x_1 & \sum x_2^{\ 2} \\ \sum 1 & \sum x_1 & \sum x_2 \end{pmatrix}\begin{pmatrix} a_0 \\ a_1 \\ a_2 \end{pmatrix} = \begin{pmatrix} \sum x_1y \\ \sum x_2y \\ \sum y \end{pmatrix}$$

となる。

演習 4-5　2 種類の独立変数 x_1, x_2 と従属変数 y がつぎの表 4-2 のように与えられているとき、偏回帰係数を求めよ。

解）　正規方程式は

$$\sum_{i=1}^{4} x_{1i}y_i - a_0\sum_{i=1}^{4} x_{1i} - a_1\sum_{i=1}^{4} x_{1i}^{\ 2} - a_2\sum_{i=1}^{4} x_{1i}x_{2i} = 0$$

$$\sum_{i=1}^{4} x_{2i}y_i - a_0\sum_{i=1}^{4} x_{2i} - a_1\sum_{i=1}^{4} x_{1i}x_{2i} - a_2\sum_{i=1}^{4} x_{2i}^{\ 2} = 0$$

$$\sum_{i=1}^{4} y_i - 4a_0 - a_1 \sum_{i=1}^{4} x_{1i} - a_2 \sum_{i=1}^{4} x_{2i} = 0$$

表 4-2　データセット

i	x_1	x_2	y
1	2	3	7
2	4	6	15
3	6	7	20
4	8	8	22

表 4-2 をもとに、正規方程式の係数を与える和を計算すると

$$\sum_{i=1}^{4} x_{1i}\, y_i = 2 \cdot 7 + 4 \cdot 15 + 6 \cdot 20 + 8 \cdot 22 = 370$$

$$\sum_{i=1}^{4} x_{1i} = 2 + 4 + 6 + 8 = 20$$

$$\sum_{i=1}^{4} {x_{1i}}^2 = 2^2 + 4^2 + 6^2 + 8^2 = 120$$

$$\sum_{i=1}^{4} x_{1i} x_{2i} = 2 \cdot 3 + 4 \cdot 6 + 6 \cdot 7 + 8 \cdot 8 = 136$$

$$\sum_{i=1}^{4} x_{2i}\, y_i = 3 \cdot 7 + 6 \cdot 15 + 7 \cdot 20 + 8 \cdot 22 = 427$$

$$\sum_{i=1}^{4} x_{2i} = 3 + 6 + 7 + 8 = 24$$

$$\sum_{i=1}^{4} {x_{2i}}^2 = 3^2 + 6^2 + 7^2 + 8^2 = 158$$

$$\sum_{i=1}^{4} y_i = 7 + 15 + 20 + 22 = 64$$

これら数値を正規方程式に代入すると

$$370 - 20a_0 - 120a_1 - 136a_2 = 0$$

$$427 - 24a_0 - 136a_1 - 158a_2 = 0$$

$$64 - 4a_0 - 20a_1 - 24a_2 = 0$$

という連立方程式が得られる。最後の式より

$$a_0 = 16 - 5a_1 - 6a_2$$

これを最初の 2 式に代入すると

$$370 - 20 \times (16 - 5a_1 - 6a_2) - 120a_1 - 136a_2 = 0$$

$$427 - 24 \times (16 - 5a_1 - 6a_2) - 136a_1 - 158a_2 = 0$$

整理すると

$$20a_1 + 16a_2 = 50 \qquad 16a_1 + 14a_2 = 43$$

よって

$$a_1 = 0.5 \quad a_2 = 2.5 \quad a_0 = -1.5$$

と係数が得られる。

結局、重回帰式は

$$y = 0.5x_1 + 2.5x_2 - 1.5$$

となる。

これを、行列を利用して線形代数の手法により解法してみる。まず、正規方程式に対応した行列は

$$\begin{pmatrix} \sum x_1 & \sum x_1^2 & \sum x_1 x_2 \\ \sum x_2 & \sum x_1 x_2 & \sum x_2^2 \\ \sum 1 & \sum x_1 & \sum x_2 \end{pmatrix} \begin{pmatrix} a_0 \\ a_1 \\ a_2 \end{pmatrix} = \begin{pmatrix} \sum x_1 y \\ \sum x_2 y \\ \sum y \end{pmatrix}$$

となる。この行列要素を計算するために、表 4-3 を用意する。

これらデータを行列に代入すると

$$\begin{pmatrix} \sum x_1 & \sum x_1^2 & \sum x_1 x_2 \\ \sum x_2 & \sum x_1 x_2 & \sum x_2^2 \\ \sum 1 & \sum x_1 & \sum x_2 \end{pmatrix} = \begin{pmatrix} 20 & 120 & 136 \\ 24 & 136 & 158 \\ 4 & 20 & 24 \end{pmatrix}$$

$$\begin{pmatrix} \sum x_1 y \\ \sum x_2 y \\ \sum y \end{pmatrix} = \begin{pmatrix} 370 \\ 427 \\ 64 \end{pmatrix}$$

となる。

表 4-3 行列による解法のための成分の積和

x_1	x_2	$x_1{}^2$	$x_2{}^2$	x_1x_2	y	x_1y	x_2y
2	3	4	9	6	7	14	21
4	6	16	36	24	15	60	90
6	7	36	49	42	20	120	140
8	8	64	64	64	22	176	176
Σx_1	Σx_2	$\Sigma x_1{}^2$	$\Sigma x_2{}^2$	Σx_1x_2	Σy	Σx_1y	Σx_2y
20	24	120	158	136	64	370	427

したがって

$$\begin{pmatrix} 20 & 120 & 136 \\ 24 & 136 & 158 \\ 4 & 20 & 24 \end{pmatrix} \begin{pmatrix} a_0 \\ a_1 \\ a_2 \end{pmatrix} = \begin{pmatrix} 370 \\ 427 \\ 64 \end{pmatrix}$$

となる。したがって

$$\begin{pmatrix} a_0 \\ a_1 \\ a_2 \end{pmatrix} = \begin{pmatrix} 20 & 120 & 136 \\ 24 & 136 & 158 \\ 4 & 20 & 24 \end{pmatrix}^{-1} \begin{pmatrix} 370 \\ 427 \\ 64 \end{pmatrix}$$

となる。ここで逆行列は

$$\begin{pmatrix} 20 & 120 & 136 \\ 24 & 136 & 158 \\ 4 & 20 & 24 \end{pmatrix}^{-1} = \frac{1}{12} \begin{pmatrix} 13 & -20 & 58 \\ 7 & -8 & 13 \\ -8 & 10 & -20 \end{pmatrix}$$

と与えられる[9]ので

$$\begin{pmatrix} a_0 \\ a_1 \\ a_2 \end{pmatrix} = \frac{1}{12}\begin{pmatrix} 13 & -20 & 58 \\ 7 & -8 & 13 \\ -8 & 10 & -20 \end{pmatrix}\begin{pmatrix} 370 \\ 427 \\ 64 \end{pmatrix} = \begin{pmatrix} -1.5 \\ 0.5 \\ 2.5 \end{pmatrix}$$

となる。

よって重回帰式は

$$y = -1.5 + 0.5x_1 + 2.5x_2$$

と与えられる。

演習 4-6　独立変数 x_1, x_2 と従属変数 y のデータセットがつぎの表 4-4 のように与えられているときに、偏回帰係数を求めよ。

表 4-4　データセット

i	x_{1i}	x_{2i}	y_i
1	2	3	7
2	3	6	13
3	4	7	15
4	5	8	20
5	6	9	22
6	7	10	25

解）　正規方程式は

$$\sum_{i=1}^{6} x_{1i}\, y_i - a_0 \sum_{i=1}^{6} x_{1i} - a_1 \sum_{i=1}^{6} {x_{1i}}^2 - a_2 \sum_{i=1}^{6} x_{1i}\, x_{2i} = 0$$

[9] 逆行列は、行基本変形を利用して求めたうえで、Microsoft EXCEL の MINVERSE 関数を用いて検算を行っている。前章でも紹介したが、EXCEL で計算すると、計算結果が少数で与えられ、分数表記とはならない。これ以降も、逆行列を求める際には、手計算で分数表記を求めたうえで、検算を行っている。読者も、時間に余裕がある場合には、自分で計算を行ってみてほしい。

$$\sum_{i=1}^{6} x_{2i} y_i - a_0 \sum_{i=1}^{6} x_{2i} - a_1 \sum_{i=1}^{6} x_{1i} x_{2i} - a_2 \sum_{i=1}^{6} {x_{2i}}^2 = 0$$

$$\sum_{i=1}^{6} y_i - 6a_0 - a_1 \sum_{i=1}^{6} x_{1i} - a_2 \sum_{i=1}^{6} x_{2i} = 0$$

表 4-4 をもとに、正規方程式の係数を与える和を計算すると

$$\sum_{i=1}^{6} x_{1i} y_i = 2 \cdot 7 + 3 \cdot 13 + 4 \cdot 15 + 5 \cdot 20 + 6 \cdot 22 + 7 \cdot 25 = 520$$

$$\sum_{i=1}^{6} x_{1i} = 2 + 3 + 4 + 5 + 6 + 7 = 27$$

$$\sum_{i=1}^{6} {x_{1i}}^2 = 2^2 + 3^2 + 4^2 + 5^2 + 6^2 + 7^2 = 139$$

$$\sum_{i=1}^{6} x_{1i} x_{2i} = 2 \cdot 3 + 3 \cdot 6 + 4 \cdot 7 + 5 \cdot 8 + 6 \cdot 9 + 7 \cdot 10 = 216$$

$$\sum_{i=1}^{6} x_{2i} y_i = 3 \cdot 7 + 6 \cdot 13 + 7 \cdot 15 + 8 \cdot 20 + 9 \cdot 22 + 10 \cdot 25 = 812$$

$$\sum_{i=1}^{6} x_{2i} = 3 + 6 + 7 + 8 + 9 + 10 = 43$$

$$\sum_{i=1}^{6} {x_{2i}}^2 = 3^2 + 6^2 + 7^2 + 8^2 + 9^2 + 10^2 = 339$$

$$\sum_{i=1}^{6} y_i = 7 + 13 + 15 + 20 + 22 + 25 = 102$$

これら数値を正規方程式に代入すると

$$520 - 27a_0 - 139a_1 - 216a_2 = 0$$

$$812 - 43a_0 - 216a_1 - 339a_2 = 0$$

$$102 - 6a_0 - 27a_1 - 43a_2 = 0$$

という連立方程式が得られる。最後の式より

$$a_0 = \frac{51}{3} - \frac{9}{2}a_1 - \frac{43}{6}a_2$$

これを最初の 2 式に代入すると

$$520-27\left(\frac{51}{3}-\frac{9}{2}a_1-\frac{43}{6}a_2\right)-139a_1-216a_2=0$$

$$812-43\left(\frac{51}{3}-\frac{9}{2}a_1-\frac{43}{6}a_2\right)-216a_1-339a_2=0$$

整理すると

$$\frac{35}{2}a_1+\frac{45}{2}a_2=61 \qquad \frac{45}{2}a_1+\frac{185}{6}a_2=81$$

よって

$$35a_1+45a_2=122 \qquad 135a_1+185a_2=486$$

結局

$a_1=1.75$　$a_2=1.35$　$a_0=-0.55$ と得られ、重回帰式は

$$y=1.75x_1+1.35x_2-0.55$$

となる。

この演習問題に関しても行列を利用して解法してみよう。正規方程式は

$$\begin{pmatrix} \sum x_1 & \sum x_1^2 & \sum x_1x_2 \\ \sum x_2 & \sum x_1x_2 & \sum x_2^2 \\ \sum 1 & \sum x_1 & \sum x_2 \end{pmatrix}\begin{pmatrix} a_0 \\ a_1 \\ a_2 \end{pmatrix}=\begin{pmatrix} \sum x_1y \\ \sum x_2y \\ \sum y \end{pmatrix}$$

となる。これら行列要素を計算するために、表 4-5 を用意する。

これらデータを行列に代入すると

$$\begin{pmatrix} \sum x_1 & \sum x_1^2 & \sum x_1x_2 \\ \sum x_2 & \sum x_1x_2 & \sum x_2^2 \\ \sum 1 & \sum x_1 & \sum x_2 \end{pmatrix}=\begin{pmatrix} 27 & 139 & 216 \\ 43 & 216 & 339 \\ 6 & 27 & 43 \end{pmatrix}$$

$$\begin{pmatrix} \sum x_1 y \\ \sum x_2 y \\ \sum y \end{pmatrix} = \begin{pmatrix} 520 \\ 812 \\ 102 \end{pmatrix}$$

となる。

表 4-5　正規方程式用のデータ

x_1	x_2	x_1^2	x_2^2	x_1x_2	y	x_1y	x_2y
2	3	4	9	6	7	14	21
3	6	9	36	18	13	39	78
4	7	16	49	28	15	60	105
5	8	25	64	40	20	100	160
6	9	36	81	54	22	132	198
7	10	49	100	70	25	175	250
Σx_1	Σx_2	Σx_1^2	Σx_2^2	Σx_1x_2	Σy	Σx_1y	Σx_2y
27	43	139	339	216	102	520	812

したがって

$$\begin{pmatrix} 27 & 139 & 216 \\ 43 & 216 & 339 \\ 6 & 27 & 43 \end{pmatrix} \begin{pmatrix} a_0 \\ a_1 \\ a_2 \end{pmatrix} = \begin{pmatrix} 520 \\ 812 \\ 102 \end{pmatrix}$$

となる。よって、係数を求める式は

$$\begin{pmatrix} a_0 \\ a_1 \\ a_2 \end{pmatrix} = \begin{pmatrix} 27 & 139 & 216 \\ 43 & 216 & 339 \\ 6 & 27 & 43 \end{pmatrix}^{-1} \begin{pmatrix} 520 \\ 812 \\ 102 \end{pmatrix}$$

となる。

ここで逆行列は

$$\begin{pmatrix} 27 & 139 & 216 \\ 43 & 216 & 339 \\ 6 & 27 & 43 \end{pmatrix}^{-1} = \frac{1}{40}\begin{pmatrix} -27 & -29 & 93 \\ 37 & -27 & 27 \\ 27 & 21 & -29 \end{pmatrix}$$

と与えられるので

$$\begin{pmatrix} a_0 \\ a_1 \\ a_2 \end{pmatrix} = \frac{1}{40}\begin{pmatrix} -27 & -29 & 93 \\ 37 & -27 & 27 \\ 27 & 21 & -29 \end{pmatrix}\begin{pmatrix} 520 \\ 812 \\ 102 \end{pmatrix} = \frac{1}{20}\begin{pmatrix} -11 \\ 35 \\ 27 \end{pmatrix} = \begin{pmatrix} -0.55 \\ 1.75 \\ 1.35 \end{pmatrix}$$

となる。

結局、重回帰式は

$$y = \frac{35}{20}x_1 + \frac{27}{20}x_2 - \frac{11}{20}$$

あるいは

$$y = 1.75x_1 + 1.35x_2 - 0.55$$

と与えられる。

当然のことながら、同じ結果が得られる。それでは、さらに独立変数の数を増やした場合の対応を考えてみよう。

4.2. 重回帰式の拡張

重回帰式は独立変数が 3 個、4 個と増えた場合にも、同様の手法で拡張することができる。たとえば、3 個に増えた場合は、誤差の平方和である L は

$$L(a_0, a_1, a_2, a_3) = \sum_{i=1}^{n} (y_i - a_0 - a_1 x_{1i} - a_2 x_{2i} - a_3 x_{3i})^2$$

と与えられる。

このとき、L は 4 変数関数となる。そして、a_0 から a_3 までの偏導関数が 0 になるという条件から 4 個の正規方程式が得られ、連立方程式を解法することで、偏回帰係数を求めることができる。この場合、正規方程式を略記号で示せば

$$a_0 \sum x_1 + a_1 \sum x_1^{\ 2} + a_2 \sum x_1 x_2 + a_3 \sum x_1 x_3 = \sum x_1 y$$

$$a_0\sum x_2 + a_1\sum x_2x_1 + a_2\sum x_2^{\ 2} + a_3\sum x_2x_3 = \sum x_2y$$

$$a_0\sum x_3 + a_1\sum x_3x_1 + a_2\sum x_3x_2 + a_3\sum x_3^{\ 2} = \sum x_3y$$

$$a_0\sum 1 + a_1\sum x_1 + a_2\sum x_2 + a_3\sum x_3 = \sum y$$

となる。

これを行列式で表現すれば

$$\begin{pmatrix} \sum x_1 & \sum x_1^{\ 2} & \sum x_1x_2 & \sum x_1x_3 \\ \sum x_2 & \sum x_2x_1 & \sum x_2^{\ 2} & \sum x_2x_3 \\ \sum x_3 & \sum x_3x_1 & \sum x_3x_2 & \sum x_3^{\ 2} \\ \sum 1 & \sum x_1 & \sum x_2 & \sum x_3 \end{pmatrix} \begin{pmatrix} a_0 \\ a_1 \\ a_2 \\ a_3 \end{pmatrix} = \begin{pmatrix} \sum x_1y \\ \sum x_2y \\ \sum x_3y \\ \sum y \end{pmatrix}$$

となる。この行列表現は、4 次、5 次と増えた場合にも容易に拡張することができる。

演習 4-7　独立変数 x_1, x_2, x_3 と従属変数 y がつぎの表 4-6 のように与えられているときの偏回帰式を求めよ。

表 4-6　データセット

i	x_1	x_2	x_3	y
1	2	3	1	9
2	4	6	2	18
3	6	7	4	24
4	8	8	5	29

解）　正規方程式を行列表現するための成分を整理すると、表 4-7 のようになる。

表 4-7　正規方程式の行列成分

x_1	x_1^2	x_2	x_2^2	x_3	x_3^2	x_1x_2	x_1x_3	x_2x_3	y	x_1y	x_2y	x_3y
2	4	3	9	1	1	6	2	3	9	18	27	9
4	16	6	36	2	4	24	8	12	18	72	108	36
6	36	7	49	4	16	42	24	28	24	144	168	96
8	64	8	64	5	25	64	40	40	29	232	232	145
20	120	24	158	12	46	136	74	83	80	466	535	286

正規方程式に対応した行列は

$$\begin{pmatrix} \sum x_1 & \sum x_1^2 & \sum x_1x_2 & \sum x_1x_3 \\ \sum x_2 & \sum x_2x_1 & \sum x_2^2 & \sum x_2x_3 \\ \sum x_3 & \sum x_3x_1 & \sum x_3x_2 & \sum x_3^2 \\ \sum 1 & \sum x_1 & \sum x_2 & \sum x_3 \end{pmatrix} \begin{pmatrix} a_0 \\ a_1 \\ a_2 \\ a_3 \end{pmatrix} = \begin{pmatrix} \sum x_1y \\ \sum x_2y \\ \sum x_3y \\ \sum y \end{pmatrix}$$

であったので、表 4-7 のデータを入れると

$$\begin{pmatrix} 20 & 120 & 136 & 74 \\ 24 & 136 & 158 & 83 \\ 12 & 74 & 83 & 46 \\ 4 & 20 & 24 & 12 \end{pmatrix} \begin{pmatrix} a_0 \\ a_1 \\ a_2 \\ a_3 \end{pmatrix} = \begin{pmatrix} 466 \\ 535 \\ 286 \\ 80 \end{pmatrix}$$

となる。よって

$$\begin{pmatrix} a_0 \\ a_1 \\ a_2 \\ a_3 \end{pmatrix} = \frac{1}{4} \begin{pmatrix} 1 & -6 & 4 & 20 \\ 19 & -6 & -20 & 1 \\ -6 & 4 & 4 & -6 \\ -20 & 4 & 24 & 4 \end{pmatrix} \begin{pmatrix} 466 \\ 535 \\ 286 \\ 80 \end{pmatrix} = \begin{pmatrix} 0 \\ 1 \\ 2 \\ 1 \end{pmatrix}$$

となり、回帰式は

$$y = x_1 + 2x_2 + x_3$$

となる。

以上のように、行列式で正規方程式をつくれば、後は、簡単な行列演算によって、偏回帰係数を求めることができる。また、この手法は、さらに独立変数の数が 4 個、5 個と増えた場合にも拡張が簡単にできる。

4.3. 一般の重回帰式

それでは、より一般的な独立変数が p 個という場合に拡張してみよう。このとき、回帰式は

$$y = a_0 + a_1 x_1 + a_2 x_2 + ... + a_p x_p$$

となる。対象となるデータは

表 4-8 データセット

i	x_{1i}	x_{2i}	…	x_{pi}	y_i
1	x_{11}	x_{21}	…	x_{p1}	y_1
2	x_{12}	x_{22}	…	x_{p2}	y_2
3	x_{13}	x_{23}	…	x_{p3}	y_3
⋮	⋮	⋮		⋮	⋮
n	x_{1n}	x_{2n}	…	x_{pn}	y_n

という表に整理できる。

このとき、正規方程式は、p+1 個となり

$$a_0 \sum x_1 + a_1 \sum x_1^2 + a_2 \sum x_1 x_2 + \cdots + a_p \sum x_1 x_p = \sum x_1 y$$

$$a_0 \sum x_2 + a_1 \sum x_2 x_1 + a_2 \sum x_2^2 + \cdots + a_p \sum x_2 x_p = \sum x_2 y$$

....

$$a_0 \sum x_p + a_1 \sum x_p x_1 + a_2 \sum x_p x_2 + \cdots + a_p \sum x_p^2 = \sum x_p y$$

$$a_0 \sum 1 + a_1 \sum x_1 + a_2 \sum x_2 + \cdots + a_p \sum x_p = \sum y$$

となる。係数行列は $(p+1)\times(p+1)$ の正方行列となる。

後は、地道に計算すれば、これら方程式から偏回帰係数を求めることができる。最近では、普通のパソコンでも重回帰分析が比較的簡単に行えるプログラムが市販されるようになっており、データを入力すれば、すぐに回帰係数が計算できるようになっている。たとえば、2 章で紹介したように、Microsoft EXCEL の MINVERSE 関数で逆行列を求めることができる。さらに、MMULT 関数で行列とベクトルの掛算を計算すれば、ただちに解が得られる。

しかし、機械的操作だけで解が得られるので、その基本構成がどうなっているかの本質部分を理解していないと、誤った結論に達することがあるということも認識しておく必要があろう。

4. 4.　平方和積和による偏回帰係数の導出

実は、偏回帰係数は独立変数と従属変数の積和および平方和を使っても求めることができる。それをつぎに説明しよう。まず、独立変数と従属変数のすべての**積和** (cross product) と**平方和** (sum of squares) を S で代表して表現し、添え字でどういう和かがわかるように表示する。

まず、独立変数が 2 個の場合を、この方法で表示すると

$$S_{11}=\sum_{i=1}^{n}(x_{1i}-\bar{x}_1)^2 \qquad S_{22}=\sum_{i=1}^{n}(x_{2i}-\bar{x}_2)^2$$

が平方和（あるいは偏差平方和）である。

$$S_{12}=\sum_{i=1}^{n}(x_{1i}-\bar{x}_1)(x_{2i}-\bar{x}_2) \qquad S_{21}=\sum_{i=1}^{n}(x_{2i}-\bar{x}_2)(x_{1i}-\bar{x}_1)=S_{12}$$

$$S_{y1}=\sum_{i=1}^{n}(x_{1i}-\bar{x}_1)(y_i-\bar{y}) \qquad S_{y2}=\sum_{i=1}^{n}(x_{2i}-\bar{x}_2)(y_i-\bar{y})$$

が積和となる。

実は、これら平方和ならびに積和を n で除したものは、分散ならびに共分散となる。

つまり、本来は

$$V_1 = \frac{1}{n}\sum_{i=1}^{n}(x_{1i} - \overline{x}_1)^2 \qquad S_{12} = \frac{1}{n}\sum_{i=1}^{n}(x_{1i} - \overline{x}_1)(x_{2i} - \overline{x}_2)$$

とすべきであり

$$nV_1 = \sum_{i=1}^{n}(x_{1i} - \overline{x}_1)^2 \qquad nS_{12} = \sum_{i=1}^{n}(x_{1i} - \overline{x}_1)(x_{2i} - \overline{x}_2)$$

という表現が正当である。

さらに、S_1を標準偏差とすると

$$S_1^{\ 2} = \frac{1}{n}\sum_{i=1}^{n}(x_{1i} - \overline{x}_1)^2$$

となる。つまり、$S_{11} = S_1^2$ という対応関係にある。

とすれば、このままの表記では、混乱を与えそうであるが、実は、nはあってもなくとも、後に示す連立方程式を解法する際には問題がない。両辺がn倍されるかどうかの違いとなるためである。よって、平方和であっても、分散であっても、どちらでも、同じ解を与える。このため、Sという表記をしている。

それでは、平方和と積和を利用して、正規方程式を変形していこう。そのために、これら式をより計算しやすいかたちに変形してみる。

たとえば、S_{11}は

$$S_{11} = \sum_{i=1}^{n}(x_{1i} - \overline{x}_1)^2 = \sum_{i=1}^{n}(x_{1i}^{\ 2} - 2x_{1i}\overline{x}_1 + \overline{x}_1^{\ 2}) = \sum_{i=1}^{n}x_{1i}^{\ 2} - 2\overline{x}\sum_{i=1}^{n}x_{1i} + n\overline{x}_1^{\ 2}$$

$$= \sum_{i=1}^{n}x_{1i}^{\ 2} - 2\overline{x}_1 \cdot n\overline{x}_1 + n\overline{x}_1^{\ 2} = \sum_{i=1}^{n}x_{1i}^{\ 2} - n\overline{x}_1^{\ 2}$$

と変形できる。他の平方和、積和も同様に変形でき、それらをまとめると

$$S_{22} = \sum_{i=1}^{n}x_{2i}^{\ 2} - n\overline{x}_2^{\ 2} \qquad S_{12} = \sum_{i=1}^{n}x_{1i}x_{2i} - n\overline{x}_1\overline{x}_2$$

$$S_{y1} = \sum_{i=1}^{n}x_{1i}\,y_i - n\overline{x}_1\,\overline{y} \qquad S_{y2} = \sum_{i=1}^{n}x_{2i}\,y_i - n\overline{x}_2\,\overline{y}$$

となる。ここで、あらためて正規方程式を示すと

$$\sum_{i=1}^{n}x_{1i}\,y_i - a_0\sum_{i=1}^{n}x_{1i} - a_1\sum_{i=1}^{n}x_{1i}^{\ 2} - a_2\sum_{i=1}^{n}x_{1i}x_{2i} = 0 \qquad (1)$$

$$\sum_{i=1}^{n} x_{2i}\, y_i - a_0 \sum_{i=1}^{n} x_{2i} - a_1 \sum_{i=1}^{n} x_{1i} x_{2i} - a_2 \sum_{i=1}^{n} {x_{2i}}^2 = 0 \qquad (2)$$

$$\sum_{i=1}^{n} y_i - na_0 - a_1 \sum_{i=1}^{n} x_{1i} - a_2 \sum_{i=1}^{n} x_{2i} = 0 \qquad (3)$$

であった。

演習 4-8　正規方程式の(3)式である

$$\sum_{i=1}^{n} y_i - na_0 - a_1 \sum_{i=1}^{n} x_{1i} - a_2 \sum_{i=1}^{n} x_{2i} = 0$$

から定数項 a_0 を求めよ。

解)　$\sum_{i=1}^{n} y_i = n\bar{y}$　$\sum_{i=1}^{n} x_{1i} = n\bar{x}_1$　$\sum_{i=1}^{n} x_{2i} = n\bar{x}_2$

を代入すると

$$n\bar{y} - na_0 - a_1 n\bar{x}_1 - a_2 n\bar{x}_2 = 0$$

となる。よって定数項は

$$a_0 = \bar{y} - a_1\bar{x}_1 - a_2\bar{x}_2$$

と与えられる。

いま求めた定数項を正規方程式(1)に代入すると

$$\sum_{i=1}^{n} x_{1i}\, y_i - (\bar{y} - a_1\bar{x}_1 - a_2\bar{x}_2) \sum_{i=1}^{n} x_{1i} - a_1 \sum_{i=1}^{n} {x_{1i}}^2 - a_2 \sum_{i=1}^{n} x_{1i}\, x_{2i} = 0$$

これを偏回帰係数ごとに並べかえて整理すると

$$a_1 \left(\sum_{i=1}^{n} {x_{1i}}^2 - n{\bar{x}_1}^2 \right) + a_2 \left(\sum_{i=1}^{n} x_{1i}\, x_{2i} - n\bar{x}_1\, \bar{x}_2 \right) = \sum_{i=1}^{n} x_{1i}\, y_i - n\bar{x}_1\, \bar{y}$$

となる。

ここで、先ほど求めた平方和と積和の表式を使えば

$$\sum_{i=1}^{n} {x_{1i}}^2 - n{\bar{x}_1}^2 = S_{11} \qquad \sum_{i=1}^{n} x_{1i}\, x_{2i} - n\bar{x}_1\bar{x}_2 = S_{12}$$

$$\sum_{i=1}^{n} x_{1i}\, y_i - n\bar{x}_1\, \bar{y} = S_{y1}$$

となるので

$$a_1 S_{11} + a_2 S_{12} = S_{y1}$$

となる。

演習 4-9　正規方程式 (2) に $a_0 = \bar{y} - a_1\bar{x}_1 - a_2\bar{x}_2$ を代入せよ。

解）

$$\sum_{i=1}^{n} x_{2i}\, y_i - (\bar{y} - a_1\bar{x}_1 - a_2\bar{x}_2)\sum_{i=1}^{n} x_{2i} - a_1\sum_{i=1}^{n} x_{2i}\, x_{1i} - a_2\sum_{i=1}^{n} {x_{2i}}^2 = 0$$

となる。

係数ごとに整理すると

$$a_1\left(\sum_{i=1}^{n} x_{1i}\, x_{2i} - n\bar{x}_1\, \bar{x}_2\right) + a_2\left(\sum_{i=1}^{n} {x_{2i}}^2 - n{\bar{x}_2}^2\right) = \sum_{i=1}^{n} x_{2i}\, y_i - n\bar{x}_2\, \bar{y}$$

となる。

先ほど求めた平方和と積和の表式を使えば

$$\sum_{i=1}^{n} x_{2i}\, x_{1i} - n\bar{x}_2\, \bar{x}_1 = S_{21} \qquad \sum_{i=1}^{n} {x_{2i}}^2 - n{\bar{x}_2}^2 = S_{22}$$

$$\sum_{i=1}^{n} x_{2i}\, y_i - n\bar{x}_2\, \bar{y} = S_{y2}$$

となるので

$$a_1 S_{21} + a_2 S_{22} = S_{y2}$$

となる。

ここで、平方和、積和を使って、連立方程式をつくると

$$\begin{cases} S_{11}a_1 + S_{12}a_2 = S_{y1} \\ S_{21}a_1 + S_{22}a_2 = S_{y2} \end{cases}$$

行列表記では

$$\begin{pmatrix} S_{11} & S_{12} \\ S_{21} & S_{22} \end{pmatrix}\begin{pmatrix} a_1 \\ a_2 \end{pmatrix} = \begin{pmatrix} S_{y1} \\ S_{y2} \end{pmatrix}$$

となる。

この行列を**平方和積和行列** (sum of squares and cross product matrix) と呼んでいる。この連立方程式を解けば、偏回帰係数が得られる。

また

$$\begin{cases} \dfrac{1}{n}S_{11}a_1 + \dfrac{1}{n}S_{12}a_2 = \dfrac{1}{n}S_{y1} \\ \\ \dfrac{1}{n}S_{21}a_1 + \dfrac{1}{n}S_{22}a_2 = \dfrac{1}{n}S_{y2} \end{cases}$$

であるから、平方和のかわりに分散を、積和のかわりに共分散を使っても同じ方程式となる。このため、S という表記を使っている。

演習 4-10　独立変数が 3 個の場合に、偏回帰係数 a_1, a_2, a_3 を求めるための平方和積和行列を求めよ。

解）　独立変数が 3 個の場合の連立方程式は

$$\begin{cases} S_{11}a_1 + S_{12}a_2 + S_{13}a_3 = S_{y1} \\ \\ S_{21}a_1 + S_{22}a_2 + S_{23}a_3 = S_{y2} \\ \\ S_{31}a_1 + S_{32}a_2 + S_{33}a_3 = S_{y3} \end{cases}$$

となり、行列表記では

$$\begin{pmatrix} S_{11} & S_{12} & S_{13} \\ S_{21} & S_{22} & S_{23} \\ S_{31} & S_{32} & S_{33} \end{pmatrix}\begin{pmatrix} a_1 \\ a_2 \\ a_3 \end{pmatrix} = \begin{pmatrix} S_{y1} \\ S_{y2} \\ S_{y3} \end{pmatrix}$$

となる。よって、平方和積和行列は

$$\begin{pmatrix} S_{11} & S_{12} & S_{13} \\ S_{21} & S_{22} & S_{23} \\ S_{31} & S_{32} & S_{33} \end{pmatrix}$$

となる。

また、このときの定数項は

$$a_0 = \overline{y} - a_1\overline{x}_1 - a_2\overline{x}_2 - a_3\overline{x}_3$$

と与えられる。

この行列表記が優れているのは、添え字の番号が、そのまま行と列に対応していることである。さらに、独立変数の数が増えた場合の拡張が容易である。たとえば、独立変数が p 個の場合には

$$\begin{cases} S_{11}a_1 + S_{12}a_2 + S_{13}a_3 + \ldots + S_{1p}a_p = S_{y1} \\ S_{21}a_1 + S_{22}a_2 + S_{23}a_3 + \ldots + S_{2p}a_p = S_{y2} \\ \cdots\cdots\cdots\cdots\cdots\cdots \\ S_{p1}a_1 + S_{p2}a_2 + S_{p3}a_3 + \ldots + S_{pp}a_p = S_{yp} \end{cases}$$

という連立 1 次方程式の解が偏回帰係数となる。ただし、定数項は

$$a_0 = \overline{y} - a_1\overline{x}_1 - a_2\overline{x}_2 - \ldots - a_p\overline{x}_p$$

と与えられる。

この平方和積和行列は

$$\begin{pmatrix} S_{11} & S_{12} & \cdots & S_{1p} \\ S_{21} & S_{22} & \cdots & S_{2p} \\ \vdots & \vdots & \ddots & \vdots \\ S_{p1} & S_{p2} & \cdots & S_{pp} \end{pmatrix} \begin{pmatrix} a_1 \\ a_2 \\ \vdots \\ a_p \end{pmatrix} = \begin{pmatrix} S_{y1} \\ S_{y2} \\ \vdots \\ S_{yp} \end{pmatrix}$$

となる。前述したように、この行列と、この行列に係数ベクトルを作用して得られる積和も項数の p で割った場合でも、同じ答えが得られる。

つまり、平方和を分散、積和を共分散で置き換えても、この関係はそのまま成立する。よって、これらを**分散共分散行列** (variance covariance matrix) と呼ぶ場合もある。以上の関係が得られれば

$$\begin{pmatrix} a_1 \\ a_2 \\ \vdots \\ a_p \end{pmatrix} = \begin{pmatrix} S_{11} & S_{12} & \cdots & S_{1p} \\ S_{21} & S_{22} & \cdots & S_{2p} \\ \vdots & \vdots & \ddots & \vdots \\ S_{p1} & S_{p2} & \cdots & S_{pp} \end{pmatrix}^{-1} \begin{pmatrix} S_{y1} \\ S_{y2} \\ \vdots \\ S_{yp} \end{pmatrix}$$

のように、分散共分散行列の**逆行列** (inverse matrix) が求められれば、すぐに偏回帰係数を得ることができる。ただし、手計算を行うのは簡単ではない。このため、重回帰分析はコンピュータの助けを借りて行うのが一般的となっている。

演習 4-11　独立変数 x_1, x_2 と従属変数 y がつぎの表 4-9 のように与えられているときに、独立変数の平方和積和行列を用いて偏回帰係数を求めよ。

表 4-9　データセット

i	x_1	x_2	y
1	2	3	7
2	4	6	15
3	6	7	20
4	8	8	22

解）　独立変数の数が 2 個であるから平方和積和の行列は 2×2 行列となる。その成分を計算すると

$$S_{11} = \sum_{i=1}^{4} {x_{1i}}^2 - 4{\bar{x}_1}^2 = 120 - 100 = 20$$

$$S_{22} = \sum_{i=1}^{4} {x_{2i}}^2 - 4{\bar{x}_2}^2 = 158 - 144 = 14$$

$$S_{12} = \sum_{i=1}^{4} x_{1i}\, x_{2i} - 4\bar{x}_1\bar{x}_2 = 136 - 120 = 16 \qquad S_{21} = S_{12}$$

$$S_{y1} = \sum_{i=1}^{4} x_{1i}\, y_i - 4\bar{x}_1\,\bar{y} = 370 - 320 = 50$$

$$S_{y2} = \sum_{i=1}^{4} x_{2i}\, y_i - 4\bar{x}_2\,\bar{y} = 427 - 384 = 43$$

これら値を平方和積和行列

$$\begin{pmatrix} S_{11} & S_{12} \\ S_{21} & S_{22} \end{pmatrix}\begin{pmatrix} a_1 \\ a_2 \end{pmatrix} = \begin{pmatrix} S_{y1} \\ S_{y2} \end{pmatrix}$$

に代入すると

$$\begin{pmatrix} 20 & 16 \\ 16 & 14 \end{pmatrix}\begin{pmatrix} a_1 \\ a_2 \end{pmatrix} = \begin{pmatrix} 50 \\ 43 \end{pmatrix} \qquad \begin{pmatrix} a_1 \\ a_2 \end{pmatrix} = \begin{pmatrix} 20 & 16 \\ 16 & 14 \end{pmatrix}^{-1}\begin{pmatrix} 50 \\ 43 \end{pmatrix}$$

ここで 2×2 行列の逆行列は

$$\begin{pmatrix} a & b \\ c & d \end{pmatrix}^{-1} = \frac{1}{ad-bc}\begin{pmatrix} d & -b \\ -c & a \end{pmatrix}$$

であったから

$$\begin{pmatrix} 20 & 16 \\ 16 & 14 \end{pmatrix}^{-1} = \frac{1}{280-256}\begin{pmatrix} 14 & -16 \\ -16 & 20 \end{pmatrix} = \frac{1}{24}\begin{pmatrix} 14 & -16 \\ -16 & 20 \end{pmatrix}$$

$$\begin{pmatrix} a_1 \\ a_2 \end{pmatrix} = \frac{1}{24}\begin{pmatrix} 14 & -16 \\ -16 & 20 \end{pmatrix}\begin{pmatrix} 50 \\ 43 \end{pmatrix} = \frac{1}{24}\begin{pmatrix} 14\times 50 - 16\times 43 \\ -16\times 50 + 20\times 43 \end{pmatrix} = \frac{1}{24}\begin{pmatrix} 12 \\ 60 \end{pmatrix} = \begin{pmatrix} 0.5 \\ 2.5 \end{pmatrix}$$

となる。また、a_0 は

$$a_0 = \bar{y} - a_1\bar{x}_1 - a_2\bar{x}_2$$

より

$$a_0 = 16 - (0.5)\times 5 - (2.5)\times 6 = 16 - 2.5 - 15 = -1.5$$

よって回帰式は

$$y = 0.5x_1 + 2.5x_2 - 1.5$$

と与えられる。

演習 4-12　独立変数 x_1, x_2, x_3 と従属変数 y が、表 4-10 のように与えられているときに、平方和積和行列を用いて偏回帰式を求めよ。

表 4-10　データセット

i	x_1	x_2	x_3	y
1	2	3	1	9
2	4	6	2	18
3	6	7	4	24
4	8	8	5	29

解）　独立変数の数が 3 個であるから平方和積和行列は 3×3 行列となる。その成分を計算するために表 4-11 と 12 を用意する。

表 4-11　重回帰分析用データ 1

x_1	x_2	x_3	x_1^2	x_2^2	x_3^2	x_1x_2	x_1x_3	x_2x_3
2	3	1	4	9	1	6	2	3
4	6	2	16	36	4	24	8	12
6	7	4	36	49	16	42	24	28
8	8	5	64	64	25	64	40	40
Σx_1	Σx_2	Σx_3	Σx_1^2	Σx_2^2	Σx_3^2	Σx_1x_2	Σx_1x_3	Σx_2x_3
20	24	12	120	158	46	136	74	83

表 4-12　重回帰分析用データ 2

x_1	x_2	x_3	y	x_1y	x_2y	x_3y
2	3	1	9	18	27	9
4	6	2	18	72	108	36
6	7	4	24	144	168	96
8	8	5	29	232	232	145
Σx_1	Σx_2	Σx_3	Σy	Σx_1y	Σx_2y	Σx_3y
20	24	12	80	466	535	286

$$S_{11} = \sum_{i=1}^{4} {x_{1i}}^2 - 4{\bar{x}_1}^2 = 120 - 100 = 20$$

$$S_{22} = \sum_{i=1}^{4} {x_{2i}}^2 - 4{\bar{x}_2}^2 = 158 - 144 = 14$$

$$S_{33} = \sum_{i=1}^{4} {x_{3i}}^2 - 4{\bar{x}_3}^2 = 46 - 36 = 10$$

$$S_{12} = \sum_{i=1}^{4} x_{1i}\, x_{2i} - 4\bar{x}_1\, \bar{x}_2 = 136 - 120 = 16 \qquad S_{21} = S_{12}$$

$$S_{13} = \sum_{i=1}^{4} x_{1i} x_{3i} - 4\overline{x}_1 \overline{x}_3 = 74 - 60 = 14 \qquad S_{31} = S_{13}$$

$$S_{23} = \sum_{i=1}^{4} x_{2i} x_{3i} - 4\overline{x}_2 \overline{x}_3 = 83 - 72 = 11 \qquad S_{32} = S_{23}$$

$$S_{y1} = \sum_{i=1}^{4} x_{1i} y_i - 4\overline{x}_1 \overline{y} = 466 - 400 = 66$$

$$S_{y2} = \sum_{i=1}^{4} x_{2i} y_i - 4\overline{x}_2 \overline{y} = 535 - 480 = 55$$

$$S_{y3} = \sum_{i=1}^{4} x_{3i} y_i - 4\overline{x}_3 \overline{y} = 286 - 240 = 46$$

ここで、それぞれの値を平方和積和行列

$$\begin{pmatrix} S_{11} & S_{12} & S_{13} \\ S_{21} & S_{22} & S_{23} \\ S_{31} & S_{32} & S_{33} \end{pmatrix} \begin{pmatrix} a_1 \\ a_2 \\ a_3 \end{pmatrix} = \begin{pmatrix} S_{y1} \\ S_{y2} \\ S_{y3} \end{pmatrix}$$

に代入すると

$$\begin{pmatrix} 20 & 16 & 14 \\ 16 & 14 & 11 \\ 14 & 11 & 10 \end{pmatrix} \begin{pmatrix} a_1 \\ a_2 \\ a_3 \end{pmatrix} = \begin{pmatrix} 66 \\ 55 \\ 46 \end{pmatrix}$$

となる。ここで、係数行列の逆行列は

$$\begin{pmatrix} 20 & 16 & 14 \\ 16 & 14 & 11 \\ 14 & 11 & 10 \end{pmatrix}^{-1} = \frac{1}{4} \begin{pmatrix} 19 & -6 & -20 \\ -6 & 4 & 4 \\ -20 & 4 & 24 \end{pmatrix}$$

と与えられる。したがって、偏回帰係数は

$$\begin{pmatrix} a_1 \\ a_2 \\ a_3 \end{pmatrix} = \frac{1}{4} \begin{pmatrix} 19 & -6 & -20 \\ -6 & 4 & 4 \\ -20 & 4 & 24 \end{pmatrix} \begin{pmatrix} 66 \\ 55 \\ 46 \end{pmatrix} = \begin{pmatrix} 1 \\ 2 \\ 1 \end{pmatrix}$$

となる。よって

$$a_1 = 1 \qquad a_2 = 2 \qquad a_3 = 1$$

また、a_0 は

$$a_0 = \overline{y} - a_1 \overline{x}_1 - a_2 \overline{x}_2 - a_3 \overline{x}_3$$

より

$$a_0 = 20 - 1 \times 5 - 2 \times 6 - 1 \times 3 = 0$$

よって重回帰式は

$$y = x_1 + 2x_2 + x_3$$

と与えられる。

このように、成分が 2 個から 3 個に増えただけで、重回帰式を求めるための労力は大変となる。説明変量である独立変数が 10 個となったら、手計算で解析解を得ることは不可能である。このため、変数が増えた場合の解析はコンピュータに頼らざるを得ない。最近、コンピュータの能力が飛躍的に向上したおかげで、多変量解析も個人レベルで簡単に行えるようになっている。

多変量解析においても、独立変数（説明変量）が 3 個以上になると、その相互作用を厳密に計算することは不可能である。よって、計算だけに頼らず、その本質を自分なりに見つめなおす作業も重要である。どのような問題においても、最終的な判断を下すのは、あくまでも人間であることを忘れてはならない。

第5章　確率分布と期待値

第2章で紹介したように、回帰分析において、回帰式

$$y = ax + b$$

を求める際には、各データ点 (x_i, y_i) において、y_iの値と回帰式にx_iを代入して得られる値：$\hat{y}_i = ax_i + b$ との差

$$e_i = y_i - \hat{y}_i = y_i - (ax_i + b)$$

すなわち**誤差** (error) の2乗和が最小となるように、a と b を決定する。この手法を**最小2乗法** (method of least squares) と呼んでいる。

よって、回帰分析においては、誤差の分布を解析することが非常に重要となる。実は、誤差の分布は数学的に詳しく解析されており、ある特徴的な分布を示すことがわかっている。そこで、本章では、誤差が従う分布およびその関数について紹介する。

5.1.　誤差の分布

誤差の分布が従う関数 $f(x)$ は、指数関数を用いて

$$f(x) = \frac{1}{\sqrt{2\pi V}} \exp\left(-\frac{x^2}{2V}\right)$$

と与えられる。ここで、Vは誤差の**分散**である。この数式に登場する“exp”は、英語の“exponential”の略で「指数」という意味である。ここでは、自然対数の底であるネイピア数eのことを意味する。つまり、上記の関数は

$$f(x) = \frac{1}{\sqrt{2\pi V}} e^{-\frac{x^2}{2V}}$$

のことである。指数eの肩にのったべきでは小さすぎて見にくいので、exp(○)という表記を使い、○に数式が入る。

この関数をある区間で積分すれば、この範囲に存在するデータ数がデータ全体

のどの程度の割合を占めるかが得られる。このとき、$f(x)\,dx$ は、誤差が x と $x+dx$ の範囲に入る確率を与える。あるいは

$$\int_a^b f(x)\,dx$$

という積分は、誤差が $a \le x \le b$ という範囲に入る確率を与えることになる。よって、**確率** (probability) の記号 P を使って

$$P(a \le x \le b) = \int_a^b \frac{1}{\sqrt{2\pi V}} \exp\left(-\frac{x^2}{2V}\right) dx$$

と書くことができる。また、関数 $f(x)$ のことを**確率密度関数** (probability density function) と呼んでいる[10]。確率密度関数を全空間 ($-\infty \le x \le +\infty$) で積分すると、$V$ の値に関係なくその値は 1 になる。

$$P(-\infty \le x \le +\infty) = \int_{-\infty}^{+\infty} \frac{1}{\sqrt{2\pi V}} \exp\left(-\frac{x^2}{2V}\right) dx = 1$$

このように、誤差の確率分布を示す関数における未知の変数は分散の V だけである。よって、V さえわかれば誤差の分布をすべて知ることができる。

分散を求めるためには、標本データを抽出する必要がある。ここで、ある工場で製品を 3 個調べたところ、標準寸法に対する誤差が $x = -1, 0, 1$ [cm] であったとしよう。すると、誤差の分散は

$$V = \frac{(-1)^2 + 0^2 + (+1)^2}{3} = \frac{2}{3}$$

と与えられる。

つまり、この工場の製品が従う誤差の分布は

$$f(x) = \sqrt{\frac{3}{4\pi}} \exp\left(-\frac{3x^2}{4}\right)$$

と考えるのが妥当である。

このように、統計の知識があれば、標本をもとに全体の製品誤差の分布を推測することができる。もちろん、標本数が 3 個では信頼度が低いかもしれない。そのため、どの程度信頼が置けるかを統計的に検証する必要がある。この手法につ

---

[10] もちろん、確率密度関数には、いろいろな種類が存在する。

いては、6 章以降で紹介する。

5. 2.　正規分布と標準偏差

実は、この関数は誤差の分布だけではなく、数多くの成分からなる集団の分布をうまく表現できることが知られている。

誤差の分布では中心が 0 になるが、製品寸法の分布では中心が平均のμとなる。ただし、この場合、すべてのデータが平行移動するので、分布のかたちはまったく変わらない。関数として、これに対処するのは簡単で

$$f(x)=\frac{1}{\sqrt{2\pi V}}\exp\left(-\frac{x^2}{2V}\right) \quad\rightarrow\quad f(x)=\frac{1}{\sqrt{2\pi V}}\exp\left(-\frac{(x-\mu)^2}{2V}\right)$$

のように変化させればよい。つまり

$$f(x)=\frac{1}{\sqrt{2\pi V}}\exp\left(-\frac{(x-\mu)^2}{2V}\right)$$

という関数が、一般の分布を表現することになる。たとえば、工場の製品例では、目標寸法からの誤差が $-1, 0, 1$ [cm] であったが、実際の寸法は 14, 15, 16 [cm] というデータとしよう。すると $\mu=15$ となるので、分散は

$$V=\frac{(14-15)^2+(15-15)^2+(16-15)^2}{3}=\frac{2}{3}$$

となって変わらない。そして、製品寸法の予測される分布は

$$f(x)=\sqrt{\frac{3}{4\pi}}\exp\left(-\frac{3(x-15)^2}{4}\right)$$

となる。

このような分布を**ガウス分布** (Gaussian distribution) と呼んでいる[11]。あるいは、ごくごく当たり前の分布であるということから**正規分布** (normal distribution) とも呼ぶ。日本語では「正規」と訳しているが、英語は “normal” であるので「通常の」あるいは「標準の」という意味である。

かつては、すべての分布が、正規分布に従うと考えられていた時代もあったが、

---

[11] ガウス (Karl F. Gauss, 1777-1855) は、最小 2 乗法とともに、正規分布も発見している。この分布がガウス分布と呼ばれる所以である。

現在では、正規分布以外の確率分布の存在も知られている。

　データの分散である

$$V = \frac{(x_1 - \mu)^2 + (x_2 - \mu)^2 + ... + (x_n - \mu)^2}{n}$$

は、分布の拡がり具合を示す指標である。ただし、分布の拡がりの大きさという意味では、平方している分だけ値が大きくなっている。そこで平均からの**偏差** (deviation) を考える場合には、分散の平方根をとる。この値を**標準偏差** (standard deviation) と呼んでいる。正規分布の標準偏差は、記号としてσを使う。つまり

$$\sigma = \sqrt{\frac{(x_1 - \mu)^2 + (x_2 - \mu)^2 + ... + (x_n - \mu)^2}{n}}$$

となる。

　正規分布を表現するときには "normal distribution" の頭文字であるNを使って

$$N(\mu, V)$$

のように表記する。つまり、平均 μ と分散Vの値がわかれば、どのような正規分布であるかがわかるのである。この分布に対応した確率密度関数は

$$f(x) = \frac{1}{\sqrt{2\pi V}} \exp\left(-\frac{(x - \mu)^2}{2V}\right)$$

となる。正規分布では、分散Vではなく、標準偏差σをつかって表現する場合が一般的であり

$$N(\mu, \sigma^2)$$

のように表記する。この場合の確率密度関数は

$$f(x) = \frac{1}{\sigma\sqrt{2\pi}} \exp\left(-\frac{(x - \mu)^2}{2\sigma^2}\right)$$

となる。この関数をグラフ化すると図 5-1 のようになる。

　このとき、ある範囲にデータが存在する確率は

$$P(a \le x \le b) = \int_a^b \frac{1}{\sigma\sqrt{2\pi}} \exp\left(-\frac{(x - \mu)^2}{2\sigma^2}\right) dx$$

という積分で計算できる。

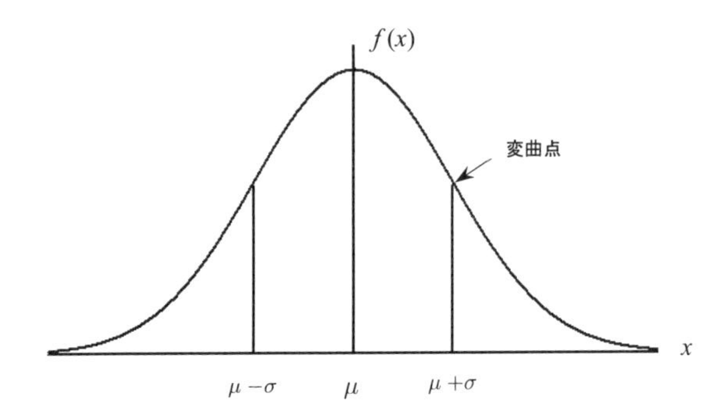

図 5-1　正規分布 $N(\mu, \sigma^2)$ のグラフ

この被積分関数に対し

$$z = \frac{x - \mu}{\sigma}$$

という変数変換を行うと

$$f(z) = \frac{1}{\sqrt{2\pi}} \exp\left(-\frac{z^2}{2}\right)$$

と変形できる。この確率密度関数は、平均が 0 で分散が 1 の正規分布に相当する。つまり

$$N(0, 1)$$

と表記することができる。

このような正規分布を特に**標準正規分布** (standard normal distribution) と呼んでいる。つまり、すべての正規分布は

$$z = \frac{x - \mu}{\sigma}$$

という変数変換を行えば、標準正規分布に変換することができるのである。よって、標準正規分布の積分計算をまず行い、そののち

$$x = \sigma z + \mu$$

という逆の変数変換を行うと、一般の正規分布 $N(\mu, \sigma^2)$ に変換することが可能

となる。つまり、この基本形の積分計算さえ行えば、すべての正規分布に対応した積分結果を得ることができる。

よって問題は

$$I(a) = \int_0^a \frac{1}{\sqrt{2\pi}} \exp\left(-\frac{z^2}{2}\right) dz$$

という積分をいかに実施するかである。

5. 3. 正規分布の計算方法

それでは、この定積分はどのようにして求めたらよいのであろうか。実は、このような積分を求める場合の常套手段として、級数展開を利用する方法がある。指数関数は

$$\exp(x) = 1 + \frac{1}{1!}x + \frac{1}{2!}x^2 + \frac{1}{3!}x^3 + \frac{1}{4!}x^4 + ... + \frac{1}{n!}x^n + ...$$

というべき級数に展開することができる。

演習 5-1　$\exp(x)$ の級数展開式を利用して

$$\int \exp\left(-\frac{x^2}{2}\right) dx$$

を求めよ。

解）　$\exp(x)$ の展開式を利用すると

$$\exp\left(-\frac{x^2}{2}\right) = 1 + \frac{1}{1!}\left(-\frac{x^2}{2}\right) + \frac{1}{2!}\left(-\frac{x^2}{2}\right)^2 + \frac{1}{3!}\left(-\frac{x^2}{2}\right)^3 + \frac{1}{4!}\left(-\frac{x^2}{2}\right)^4 + ...$$

となるが、まとめると

$$\exp\left(-\frac{x^2}{2}\right) = 1 - \frac{1}{1!}\frac{1}{2}x^2 + \frac{1}{2!}\frac{1}{2^2}x^4 - \frac{1}{3!}\frac{1}{2^3}x^6 + \frac{1}{4!}\frac{1}{2^4}x^8 + ...$$

となる。

この多項式から

$$\int \exp\left(-\frac{x^2}{2}\right)dx = x - \frac{1}{3\cdot 1!}\frac{1}{2}x^3 + \frac{1}{5\cdot 2!}\frac{1}{2^2}x^5 - \frac{1}{7\cdot 3!}\frac{1}{2^3}x^7 + \frac{1}{9\cdot 4!}\frac{1}{2^4}x^9 + ...$$

という積分結果が得られる。積分定数は省略している。これを利用すると

$$\int_0^a \exp\left(-\frac{x^2}{2}\right)dx = a - \frac{1}{3\cdot 1!}\frac{1}{2}a^3 + \frac{1}{5\cdot 2!}\frac{1}{2^2}a^5 - \frac{1}{7\cdot 3!}\frac{1}{2^3}a^7 + \frac{1}{9\cdot 4!}\frac{1}{2^4}a^9 + ...$$

という級数で積分の値を得ることができる。

演習 5-2　上記の級数展開式をもとに、下記の積分を計算せよ。

$$\int_0^1 \exp\left(-\frac{x^2}{2}\right)dx$$

解）　$a - \frac{1}{3\cdot 1!}\frac{1}{2}a^3 + \frac{1}{5\cdot 2!}\frac{1}{2^2}a^5 - \frac{1}{7\cdot 3!}\frac{1}{2^3}a^7 + \frac{1}{9\cdot 4!}\frac{1}{2^4}a^9 + ...$

に $a=1$ を代入すると

$$\int_0^1 \exp\left(-\frac{x^2}{2}\right)dx = 1 - \frac{1}{3\cdot 1!}\frac{1}{2} + \frac{1}{5\cdot 2!}\frac{1}{2^2} - \frac{1}{7\cdot 3!}\frac{1}{2^3} + \frac{1}{9\cdot 4!}\frac{1}{2^4} + ...$$

$$= 1 - \frac{1}{6} + \frac{1}{40} - \frac{1}{336} + \frac{1}{3456} + ... \cong 0.8556$$

となる。

したがって、この値を $\sqrt{2\pi} \cong 2.507$ で除すことで

$$I(1) = \int_0^1 \frac{1}{\sqrt{2\pi}} \exp\left(-\frac{z^2}{2}\right)dz \cong 0.3413$$

と計算できる。

このように、級数展開式に従って、地道に計算していけば、すべての積分値を得ることができる。そして、これら積分に対応した表も用意されている。

実際の正規分布表は長いが、表 5-1 にそのごく一部を取り出したものを例として示す。$I(z)$ は、図 5-2 の射影部の面積に相当する。ここで、標準正規分布では

1 は σ に相当する。この 2 倍の 0.6826 が中心から $\pm\sigma$ の範囲にデータが存在する確率となる。この範囲を 1σ と呼んでいる。1 シグマやワンシグマと呼ばれている。

表 5-1　正規分布表の一例

z	0	1.0	2.0	3.0
$I(z)$	0	0.3413	0.4773	0.4987

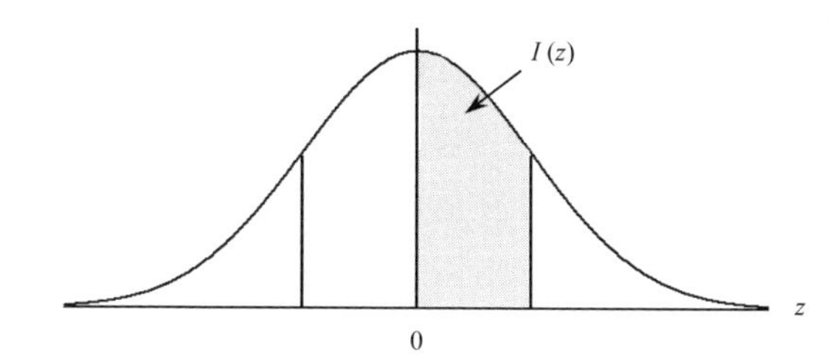

図 5-2　正規分布表に載っている $I(z)$ のデータは図の射影部分の面積に相当する。

この表を使うと

$$I(2) = \int_0^2 \frac{1}{\sqrt{2\pi}} \exp\left(-\frac{z^2}{2}\right) dz = 0.4773$$

のように、積分結果が自動的に与えられる。この 2 倍の 0.9546 は、正規分布において中心から $\pm 2\sigma$ の範囲にデータが分布する確率を示している。この範囲を 2 シグマと呼んでいる。

演習 5-3　正規分布表を利用して、つぎの積分の値を求めよ。

$$\int_2^8 \frac{1}{5\sqrt{2\pi}} \exp\left(-\frac{(x-4)^2}{50}\right) dx$$

解）　これは一般式

$$\int_a^b \frac{1}{\sigma\sqrt{2\pi}} \exp\left(-\frac{(x-\mu)^2}{2\sigma^2}\right) dx$$

において、$\mu = 4, \sigma = 5$ とした積分である。

そこで、つぎの変数変換をする。

$$z = \frac{x-\mu}{\sigma} = \frac{x-4}{5}$$

すると、積分範囲は

$$a = 2 \quad \rightarrow \quad z = -0.4 \qquad b = 8 \quad \rightarrow \quad z = 0.8$$

と変化する。

よって、求める積分は

$$\int_{-0.4}^{0.8} \frac{1}{\sqrt{2\pi}} \exp\left(-\frac{z^2}{2}\right) dz = \int_{-0.4}^{0} \frac{1}{\sqrt{2\pi}} \exp\left(-\frac{z^2}{2}\right) dz + \int_{0}^{0.8} \frac{1}{\sqrt{2\pi}} \exp\left(-\frac{z^2}{2}\right) dz$$

$$= \int_{0}^{0.4} \frac{1}{\sqrt{2\pi}} \exp\left(-\frac{z^2}{2}\right) dz + \int_{0}^{0.8} \frac{1}{\sqrt{2\pi}} \exp\left(-\frac{z^2}{2}\right) dz$$

表 5-2　正規分布表の抜粋

z	0.2	0.4	0.6	0.8
$I(z)$	0.0793	0.1554	0.2257	0.2881

表 5-2 の正規分布表で z が 0.4 および 0.8 の値を読むと 0.1554 および 0.2881 であるから

$$\int_{-0.4}^{0.8} \frac{1}{\sqrt{2\pi}} \exp\left(-\frac{z^2}{2}\right) dz = 0.1554 + 0.2881 = 0.4435$$

となる。結局

$$\int_2^8 \frac{1}{5\sqrt{2\pi}} \exp\left(-\frac{(x-4)^2}{50}\right) dx = 0.4435$$

が解となる。

最近のコンピュータソフトでは､数多くの確率密度関数が組込関数としてイン

ストールされており、あとは数値を代入するだけで積分計算結果が得られるようになっている。

たとえば、Microsoft EXCEL の NORM 関数を使えば、正規分布に関するいろいろなデータが簡単に得られる。

NORM.S.DIST (a, TRUE)

と入力[12]すると

$$\int_{-\infty}^{a} \frac{1}{\sqrt{2\pi}} \exp\left(-\frac{x^2}{2}\right) dx$$

の計算結果が得られる。たとえば、$a = 1$ の場合

NORM.S.DIST (1, TRUE) = 0.8413

と出力される。この値から

$$I(1) = \int_{0}^{1} \frac{1}{\sqrt{2\pi}} \exp\left(-\frac{x^2}{2}\right) dx$$

の値を求めたいときは、下側半分の 0.5 を引けばよく

$$I(1) = 0.8413 - 0.5 = 0.3413$$

と与えられる。

NORM.S.DIST (2, TRUE) = 0.9773

NORM.S.DIST (3, TRUE) = 0.9987

という出力から

$$I(2) = 0.9773 - 0.5 = 0.4773 \qquad I(3) = 0.9987 - 0.5 = 0.4987$$

となる。

5.4. 確率変数の期待値

統計分野で、重要な概念に**期待値** (expectation value) がある。ある確率分布に属する集団の平均や分散を求める場合に有効である。

まず、基本として、確率変数 x が、確率密度関数 $f(x)$ に従うとき

[12] S は“standard”の意味である。DIST は“distribution”の略である。よって、NORM.S.DIST で標準正規分布となる。(a, TRUE) の TRUE は関数形式で、累積分布関数の値が表示される。関数として FALSE を指定すると、確率密度関数の値が計算される。

$$E\left[x\right]=\int_{-\infty}^{+\infty} x f(x)\,dx$$

という積分を確率変数 x の期待値と呼ぶ。

確率変数 x の期待値は、確率密度関数 $f(x)$ の確率分布における x の**平均値** (mean value: μ) に相当する。これを一般化すると関数 $\phi(x)$ の期待値は

$$E\left[\phi(x)\right]=\int_{-\infty}^{+\infty} \phi(x)f(x)\,dx$$

と与えられる。たとえば $\phi(x)=(x-\mu)^2$ の期待値は

$$E\left[(x-\mu)^2\right]=\int_{-\infty}^{+\infty} (x-\mu)^2 f(x)\,dx$$

となるが、確率変数 x の平均値 μ からの偏差 $x-\mu$ の平方 $(x-\mu)^2$ の期待値と解釈できる。つまり、x の**分散** (variance) となる。

演習 5-4　$(x-\mu)^2$ の期待値が

$$E\left[(x-\mu)^2\right]=E\left[x^2\right]-\mu^2$$

と与えられることを示せ。

解)　分散は、偏差の平方 $(x-\mu)^2$ の期待値であるから

$$E\left[(x-\mu)^2\right]=\int_{-\infty}^{+\infty} (x-\mu)^2 f(x)\,dx$$

で与えられる。よって

$$E\left[(x-\mu)^2\right]=\int_{-\infty}^{+\infty} (x^2-2x\mu+\mu^2)\,f(x)\,dx$$

$$=\int_{-\infty}^{+\infty} x^2 f(x)\,dx-2\mu\int_{-\infty}^{+\infty} x f(x)\,dx+\mu^2\int_{-\infty}^{+\infty} f(x)\,dx=E\left[x^2\right]-2\mu E\left[x\right]+\mu^2$$

ここで $E\left[x\right]=\mu$ であるから

$$E\left[(x-\mu)^2\right]=E\left[x^2\right]-\mu^2$$

となる。

確率分布の特徴を見る場合に分散は重要な指標である。分散を確率変数 x の関数として $V[x]$ のように表記すると

$$V[x] = E[x^2] - \mu^2$$

あるいは

$$V[x] = E[x^2] - (E[x])^2$$

と書くことができる。

演習 5-5　正規分布における確率変数 x の期待値が平均値の μ となることを確かめよ。

解）　正規分布の確率密度関数は

$$f(x) = \frac{1}{\sigma\sqrt{2\pi}} \exp\left(-\frac{(x-\mu)^2}{2\sigma^2}\right)$$

と与えられる。よって、その期待値は

$$E[x] = \int_{-\infty}^{+\infty} \frac{x}{\sigma\sqrt{2\pi}} \exp\left(-\frac{(x-\mu)^2}{2\sigma^2}\right) dx$$

となる。

ここで、$t = x - \mu$ という変換を行うと、$dt = dx$ であるから

$$E[x] = \int_{-\infty}^{+\infty} \frac{t+\mu}{\sigma\sqrt{2\pi}} \exp\left(-\frac{t^2}{2\sigma^2}\right) dt$$

$$= \int_{-\infty}^{+\infty} \frac{t}{\sigma\sqrt{2\pi}} \exp\left(-\frac{t^2}{2\sigma^2}\right) dt + \int_{-\infty}^{+\infty} \frac{\mu}{\sigma\sqrt{2\pi}} \exp\left(-\frac{t^2}{2\sigma^2}\right) dt$$

となる。第 1 項の積分は被積分関数が**奇関数** (odd function) であるので

$$\int_{-\infty}^{+\infty} \frac{t}{\sigma\sqrt{2\pi}} \exp\left(-\frac{t^2}{2\sigma^2}\right) dt = 0$$

第2項の積分は

$$\int_{-\infty}^{+\infty} \frac{\mu}{\sigma\sqrt{2\pi}} \exp\left(-\frac{t^2}{2\sigma^2}\right) dt = \frac{\mu}{\sigma\sqrt{2\pi}} \int_{-\infty}^{+\infty} \exp\left(-\frac{t^2}{2\sigma^2}\right) dt$$

となるが、**ガウス積分** (Gaussian integral) **の公式**

$$\int_{-\infty}^{+\infty} \exp(-ax^2)\,dx = \sqrt{\frac{\pi}{a}} \qquad (a > 0)$$

を使うと

$$\int_{-\infty}^{+\infty} \exp\left(-\frac{t^2}{2\sigma^2}\right) dt = \sqrt{2\sigma^2\pi} = \sigma\sqrt{2\pi}$$

と計算できる。結局

$$E[x] = \int_{-\infty}^{+\infty} \frac{x}{\sigma\sqrt{2\pi}} \exp\left(-\frac{(x-\mu)^2}{2\sigma^2}\right) dx = \mu$$

となって、正規分布に従う確率変数 x の期待値は μ となることが確かめられる。

正規分布だけでなく、他の確率密度関数においても、確率変数 x の期待値は平均値を与える。

演習 5-6 平均が μ で、標準偏差が σ の正規分布において、 $\phi(x) = (x-\mu)^2$ の期待値を求めよ。

解) 期待値は

$$E[\phi(x)] = \int_{-\infty}^{+\infty} \frac{(x-\mu)^2}{\sigma\sqrt{2\pi}} \exp\left(-\frac{(x-\mu)^2}{2\sigma^2}\right) dx$$

という積分で与えられる。

$t = x - \mu$ の変数変換を行うと $dt = dx$ で積分範囲も変わらないので

$$\int_{-\infty}^{+\infty} \frac{(x-\mu)^2}{\sigma\sqrt{2\pi}} \exp\left(-\frac{(x-\mu)^2}{2\sigma^2}\right) dx = \int_{-\infty}^{+\infty} \frac{t^2}{\sigma\sqrt{2\pi}} \exp\left(-\frac{t^2}{2\sigma^2}\right) dt$$

と変形できる。ここで被積分関数を

$$\frac{t^2}{\sigma\sqrt{2\pi}}\exp\left(-\frac{t^2}{2\sigma^2}\right)=\frac{t}{\sigma\sqrt{2\pi}}\left\{t\exp\left(-\frac{t^2}{2\sigma^2}\right)\right\}$$

のように分解して、**部分積分** (integration by parts) を利用する。

$$\left\{\exp\left(-\frac{t^2}{2\sigma^2}\right)\right\}'=\left(-\frac{1}{\sigma^2}\right)\left\{t\exp\left(-\frac{t^2}{2\sigma^2}\right)\right\}$$

であることに注意すれば

$$\int_{-\infty}^{+\infty}\frac{t^2}{\sigma\sqrt{2\pi}}\exp\left(-\frac{t^2}{2\sigma^2}\right)dt=\left[-\frac{\sigma t}{\sqrt{2\pi}}\exp\left(-\frac{t^2}{2\sigma^2}\right)\right]_{-\infty}^{+\infty}+\int_{-\infty}^{+\infty}\frac{\sigma}{\sqrt{2\pi}}\exp\left(-\frac{t^2}{2\sigma^2}\right)dt$$

と変形できる。右辺の第 1 項は $t\to\infty$ で 0 となる。

第 2 項はまさにガウス積分であり

$$\int_{-\infty}^{+\infty}\frac{\sigma}{\sqrt{2\pi}}\exp\left(-\frac{t^2}{2\sigma^2}\right)dt=\frac{\sigma}{\sqrt{2\pi}}\sqrt{2\sigma^2\pi}=\sigma^2$$

となって

$$E\left[(x-\mu)^2\right]=\int_{-\infty}^{+\infty}\frac{(x-\mu)^2}{\sigma\sqrt{2\pi}}\exp\left(-\frac{(x-\mu)^2}{2\sigma^2}\right)dx=\sigma^2$$

と与えられる。

つまり、$\phi(x)=(x-\mu)^2$ の期待値は分散 σ^2 つまり $V[x]$ となることが確かめられる。

5. 5.　期待値と分散

すでに紹介したように、一般の確率密度関数 $f(x)$ に対しても

$$V[x]=E\left[(x-\mu)^2\right]=\int_{-\infty}^{+\infty}(x-\mu)^2 f(x)\,dx$$

という関係が成立する。ここで、この積分を変形してみよう。

$$\int_{-\infty}^{+\infty}(x-\mu)^2 f(x)dx=\int_{-\infty}^{+\infty}(x^2-2\mu x+\mu^2)f(x)dx$$

$$= \int_{-\infty}^{+\infty} x^2 f(x)\,dx - 2\mu \int_{-\infty}^{+\infty} x\,f(x)\,dx + \mu^2 \int_{-\infty}^{+\infty} f(x)\,dx$$

すると、右辺の第 1 項は x^2 の期待値になる。第 2 項の積分は x の期待値であるから平均 μ となる。第 3 項の積分は確率密度関数 $f(x)$ を全空間で積分したものであるから 1 である。

よって

$$E\left[x^2\right] - 2\mu E\left[x\right] + \mu^2 = E\left[x^2\right] - 2\mu^2 + \mu^2 = E\left[x^2\right] - \mu^2$$

と変形することができる。

結局

$$V\left[x\right] = E\left[(x-\mu)^2\right] = E\left[x^2\right] - \mu^2 \qquad V\left[x\right] = E\left[x^2\right] - \left\{E\left[x\right]\right\}^2$$

となることも、すでに紹介した。

演習 5-7　定数の場合 $\phi(x) = a$ の期待値を求めよ。

解）

$$E\left[a\right] = \int_{-\infty}^{+\infty} a\,f(x)\,dx = a\int_{-\infty}^{+\infty} f(x)\,dx$$

となるが、確率密度関数の性質から

$$\int_{-\infty}^{+\infty} f(x)\,dx = 1$$

であるから

$$E\left[a\right] = a$$

となり、定数の期待値は、そのまま定数の値となる。

それでは

$$\phi(x) = ax + b$$

の場合はどうであろうか。

$$E[ax+b]=\int_{-\infty}^{+\infty}(ax+b)\,f(x)\,dx=a\int_{-\infty}^{+\infty}x\,f(x)\,dx+b\int_{-\infty}^{+\infty}f(x)\,dx$$

のように変形できるが、$E[x]=\int_{-\infty}^{+\infty}x\,f(x)\,dx$ であるので

$$E[ax+b]=aE[x]+b$$

となる。

演習 5-8　関数

$$\phi(x)=ax^2+bx+c$$

の期待値を求めよ。

解）　1次式と同様に

$$E[ax^2+bx+c]=aE[x^2]+bE[x]+c$$

となる。

よって、一般の n 次関数に対して

$$E[a_0+a_1x+a_2x^2+...+a_nx^n]=a_0+a_1E[x]+a_2E[x^2]+...+a_nE[x^n]$$

という関係が成立することになる。

このように分配の法則が成り立つということを別な表現で書くと

$$u(x)=\alpha(x)+\beta(x)$$

の場合

$$E[u(x)]=E[\alpha(x)+\beta(x)]=E[\alpha(x)]+E[\beta(x)]$$

となる。

ここで、確率変数が x, y の2個の場合を考えてみよう。これら変数が互いに独立の場合は

$$E[x\,y]=E[x]E[y]$$

という関係が成立する。

> **演習 5-9** 確率変数の x と y が互いに独立の場合に、上記の関係が成立することを確かめよ。

解） それぞれの確率密度関数を、$f(x)$ と $g(y)$ とすると

$$E[x]=\int_{-\infty}^{+\infty} x f(x)\,dx \qquad E[y]=\int_{-\infty}^{+\infty} y g(y)\,dy$$

ここで

$$E[x]E[y]=\left(\int_{-\infty}^{+\infty} x f(x)\,dx\right)\left(\int_{-\infty}^{+\infty} y g(y)\,dy\right)$$

右辺は、x と y が独立であるから

$$\left(\int_{-\infty}^{+\infty} x f(x)\,dx\right)\left(\int_{-\infty}^{+\infty} y g(y)\,dy\right)=\int_{-\infty}^{+\infty}\int_{-\infty}^{+\infty} x\,y\,f(x)g(y)\,dx\,dy$$

となるが、この右辺は、まさに $E[x\,y]$ である。

---

x, y が独立でない場合には、**共分散** (covariance) が重要となる。復習すると分散と共分散は、離散的な場合

$$V[x]=\frac{1}{n}\sum_{i=1}^{n}(x_i-\bar{x})^2 \qquad Cov[x, y]=\frac{1}{n}\sum_{i=1}^{n}(x_i-\bar{x})(y_i-\bar{y})=S_{xy}$$

と与えられるのであった。よって

$$Cov[x, x]=V[x] \quad \text{あるいは} \quad S_{xx}=S_x{}^2$$

という関係にある。また

$$V[x]=E\left[(x-\bar{x})^2\right] \qquad Cov[x, y]=E\left[(x-\bar{x})(y-\bar{y})\right]$$

となる。さらに、分散については、定数の分散は 0 であるから、b を定数として

$$V[x+b]=V[x]$$

が成立する。これは、分布を平行移動させても、分散は変化しないことを意味している。

演習 5-10　つぎの関係が成立することを確かめよ。

$$V[ax+b]=a^2V[x]$$

ただし、a, b は定数とする。

解）　まず

$$V[ax+b]=E\left[(ax+b)^2\right]-\left(E[ax+b]\right)^2$$

である。ここで

$$E\left[(ax+b)^2\right]=E\left[a^2x^2+2abx+b^2\right]=a^2E\left[x^2\right]+2abE[x]+b^2$$

$E[ax+b]=aE[x]+b$ であるから

$$\left(E[ax+b]\right)^2=a^2\left(E[x]\right)^2+2abE[x]+b^2$$

となる。したがって

$$V[ax+b]=a^2E\left[x^2\right]-a^2\left(E[x]\right)^2=a^2\left\{E\left[x^2\right]-\left(E[x]\right)^2\right\}=a^2V[x]$$

となる。

変数 $x_1, x_2, ..., x_n$ が互いに独立の場合には

$$V\left[\sum_{i=1}^{n}x_i\right]=V[x_1]+V[x_2]+...+V[x_n]$$

$$Cov\left[x_i,\ x_j\right]=\begin{cases} V\left[x_i\right] & (i=j) \\ 0 & (i\neq j) \end{cases}$$

が成立する。独立でない場合には

$$V\left[\sum_{i=1}^{n} x_i\right]=V\left[x_1\right]+V\left[x_2\right]+\ldots+V\left[x_n\right]+\sum_{i\neq j} Cov\left(x_i,x_j\right)$$

となって、共分散の項が加わる。ただし

$$\sum_{i\neq j} Cov\left(x_i,\ x_j\right)=2\sum_{i<j} Cov\left(x_i,\ x_j\right)$$

さらに

$$Cov\left[x,\ y\right]=E\left[x\,y\right]-E\left[x\right]E\left[y\right]$$

である。変数 x, y が互いに独立の場合、右辺は 0 となるので共分散は 0 となる。つまり、相関がないということを意味している。

第6章　推測統計

第5章では、誤差の分布が正規分布に従うということを紹介した。回帰分析においても誤差は存在するので、求めた回帰係数 a や定数項 b についても真の値（これを**母数** (parameter) と呼ぶ）とは一致しない可能性がある。一般には、これら値は、母数のまわりに正規分布するものと考えられる。

よって、この事実をもとに統計的な解析を行えば、回帰式の信頼度を統計的に検証することが可能となる。

まず、第6章と第7章では、統計的な検証を行うための基礎を学ぶ。それぞれ、推測統計と統計検定と呼ばれる手法である。また、確率分布として、正規分布だけでなく、t 分布、χ^2 分布、F 分布が登場する。これら分布についても紹介する。

第8章から10章では、これら統計的手法を用いて、回帰分析で得られる回帰係数や定数項、また、相関係数などを統計的に検証する方法を学ぶ。

6. 1.　母集団

ある正規分布に属する集団の特徴を解析する場合、この集団から**標本** (sample) と呼ばれるデータをいくつか抽出し、それを解析することでデータ全体の特徴を推定するという手法が利用される。

たとえば、3個の標本を取り出して、平均を計算すれば

$$\bar{x} = \frac{x_1 + x_2 + x_3}{3}$$

となる。これを、そのまま正規分布の平均として使うこともできるが、それでは信頼度が低い。そのため、統計の知識を利用して、できるだけ真の値を推測する。このような統計手法を**推測統計** (statistical estimate/ statistical inference) と呼んでいる。また、解析しようとしているデータの全体を**母集団** (population) と呼ぶ。

標本数は多いほど、母集団の特性に近くなるが、それだけ時間と手間が掛かることになる。場合によっては、限られた数の標本しか集められないこともある。そこで、統計的な手法が重要となるのである。

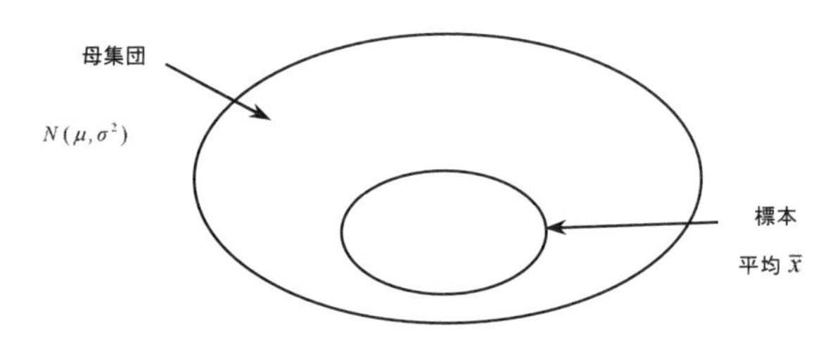

図 6-1 母集団と標本集団の構造。統計解析においては、母集団から有限の数の標本データを集めて、母集団の平均 μ や分散 σ^2 を推定する。これを推測統計と呼んでいる。

回帰分析においても、データ x, y ならびに誤差 e の母集団が正規分布に従うという仮定のもとで、標本データから得られる回帰係数や定数の統計解析を行っている。

6. 2. 標本データと母数

平均が μ で、標準偏差が σ の正規分布に属する母集団

$$N(\mu, \sigma^2)$$

から n 個の標本を取り出す場合を想定してみよう。このとき、標本データの平均を**標本平均** (sample mean)

$$\bar{x} = \frac{x_1 + x_2 + \cdots + x_n}{n}$$

分散を**標本分散** (sample variance)

$$S^2 = \frac{(x_1 - \bar{x})^2 + (x_2 - \bar{x})^2 + \cdots + (x_n - \bar{x})^2}{n}$$

と呼ぶ[13]。これら値は標本データから計算できる値である。

ただし、われわれが欲しいのは、母集団の値である。母集団の平均を**母平均** (population mean : μ)、分散を**母分散** (population variance : σ^2)と呼ぶ。

推測統計は、既知の値である標本データから、未知の母集団の値である母数を推測する手法である。これらパラメータを表 6-1 にまとめた。

表 6-1　標本データと母数の対応

標本データ	既知	母数	未知
標本平均	$\bar{x}$	母平均	μ
標本分散	S^2	母分散	σ^2

※　S は標本標準偏差、σ は母標準偏差となる。

標本平均を求めるためには、標本の和を求めて、それを、標本数の n で割ればよい。そこで、まず n 個の標本の和で、新たな集団をつくった際の特徴を考えてみよう。

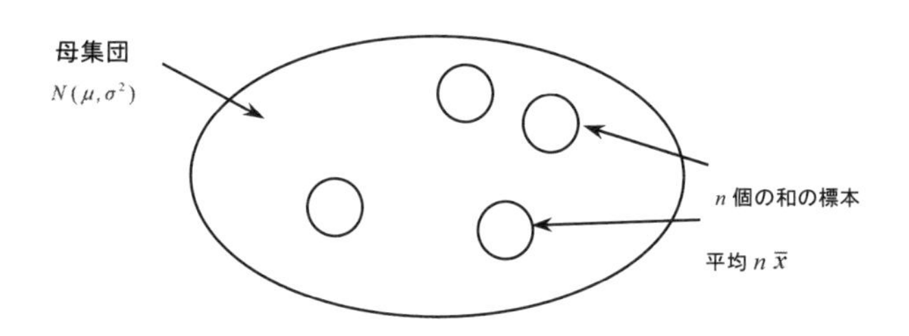

図 6-2　母平均が μ の母集団から、n 個の成分を取り出し、その和を成分とする新たな集団をつくる。

このとき、n 個の標本の和

$$x_1 + x_2 + \cdots + x_n$$

からなる新たな集団は

13 教科書によっては、標本分散の分母を $n-1$ とする場合もあるので注意されたい。

$$N(n\mu, n\sigma^2)$$

という正規分布に従うことが知られている。これを正規分布の**加法性** (additive property) と呼んでいる[14]。

それでは、この新たな成分の和 $(x_1 + x_2 + \cdots + x_n)$ からなる集団の標準偏差はどうなるであろうか。加法性が成立するのは分散であり、n 個の標本の和の分散は

$$S_n{}^2 = n\,\sigma^2$$

となる。よって標準偏差は

$$S_n = \sqrt{n}\sigma$$

となる。

ここで、われわれにとって重要なのは、和である $x_1 + x_2 + \cdots + x_n$ を、標本数 n で割った平均 $\bar{x}$

$$\frac{x_1 + x_2 + \cdots + x_n}{n}$$

のほうである。

この平均 $\bar{x}$ の分子となっている n 個の和を成分とする正規分布の標準偏差が $\sqrt{n}\sigma$ とすれば、$\bar{x}$ の分布の標準偏差は n で除して

$$S = \frac{\sqrt{n}\sigma}{n} = \frac{\sigma}{\sqrt{n}}$$

となる。

つまり、標本データの数 n が増えるに従って、標本平均 $\bar{x}$ を成分とする新たな集団の標準偏差は、母標準偏差 σ よりもどんどん小さくなっていくのである。その様子を図 6-3 に示している。

正確ではないが簡単な例で確かめてみよう。いま母集団として

$$(2, 3, 4)$$

という 3 個のデータからなるグループを考える。まず、母集団の平均と標準偏差を計算すると、平均は

[14] この証明は、6. 10. 節で行う。

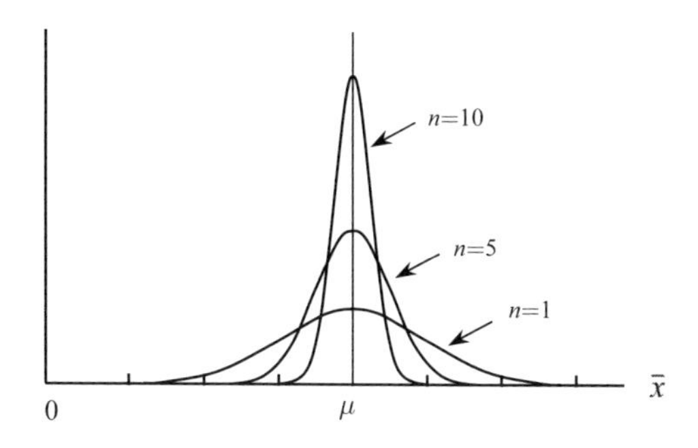

図 6-3　正規分布から n 個の成分を取り出し、標本平均 $\bar{x}$ を求めると、図のように、$\bar{x}$ は μ の周りで正規分布するが、成分数が増えるほど、その分散は小さくなっていく。

$$\mu = \frac{2+3+4}{3} = 3$$

であり、標準偏差は

$$\sigma = \sqrt{\frac{(2-3)^2+(3-3)^2+(4-3)^2}{3}} = \sqrt{\frac{2}{3}} \cong 0.816$$

となる。

つぎに、母集団から、2 個のデータを標本として選び、その解析を行う。標本データとして考えられるのは

$$(2, 3) \quad (3, 4) \quad (2, 4)$$

の 3 種類である。

ここで、標本データの平均を調べてみよう。すると

$$\bar{x}_1 = 2.5, \quad \bar{x}_2 = 3, \quad \bar{x}_3 = 3.5$$

となる。標本データの平均値で、あらたなグループをつくると

$$(2.5, 3, 3.5)$$

という数データができる。

演習 6-1　標本データの平均値で、新たなグループをつくったとき、その平均値と標準偏差を求めよ。

解）　平均値は

$$\bar{x} = \frac{2.5+3+3.5}{3} = 3$$

標準偏差は

$$S = \sqrt{\frac{(2.5-3)^2+(3-3)^2+(3.5-3)^2}{3}} = \sqrt{\frac{0.5}{3}} \cong 0.408$$

となる。

このように、標本平均からなる集団の平均は母集団と同じになるが、標準偏差は 0.408 となり、もとの母集団の標準偏差 0.816 より小さくなる。

これを正規分布に属する母集団にあてはめると、$n=100$ 個の標本を集めると、この和の平均と分散は 100μ と $100\sigma^2$ となるが、標準偏差は $S_{100}=\sqrt{100}\ \sigma=10\sigma$ となる。

この和を標本数で割った標本平均からなる集団を考えると、その平均は μ となり標準偏差 S は $S=S_{100}/100=\sigma/10$ と小さくなる。つまり、標本 100 個からなる標本平均の集団の標準偏差 S は、母集団の 1/10 になるのである。

6. 3.　正規分布の特徴

それでは、実際に標本平均から、母平均の区間推定を行ってみよう。そのために、まず、正規分布の特徴について確認しておく。正規分布では、ある範囲に入る成分数の割合がわかっている。たとえば、図 6-4 に示すように、平均 μ を中心として $\pm\sigma$ の中には 68%のデータが存在している。つまり、$P(\mu-\sigma \le x \le \mu+\sigma)=0.68$ となる。これを 1σ 区間と呼んでいる。

つぎに、図 6-5 に示すように、$\mu\pm2\sigma$ の範囲には全体の 95% のデータが存在する。つまり、$P(\mu-2\sigma \le x \le \mu+2\sigma)=0.95$ となり 2σ 区間と呼んでいる。

そして、$\mu\pm3\sigma$ の範囲には全体の 99.7%、つまり、$P(\mu-3\sigma \le x \le \mu+3\sigma)=0.997$ となる。これを 3σ 区間と呼んでいる。統計では、この分布を 68−95−99.7 則と呼ぶこともある。

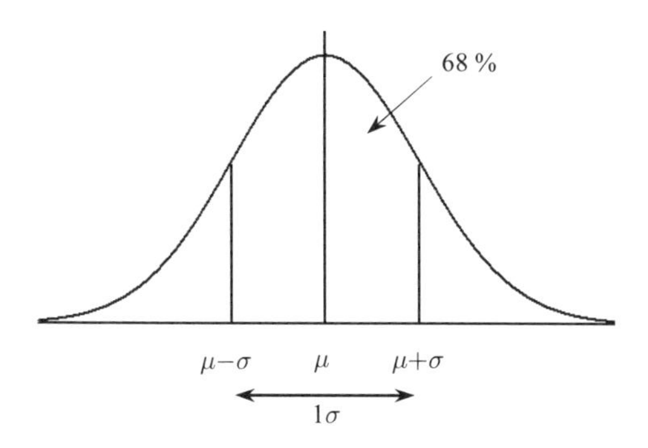

図 6-4　正規分布では平均 μ を中心として $\pm\sigma$（1σ区間）の中に 68%のデータが存在する。

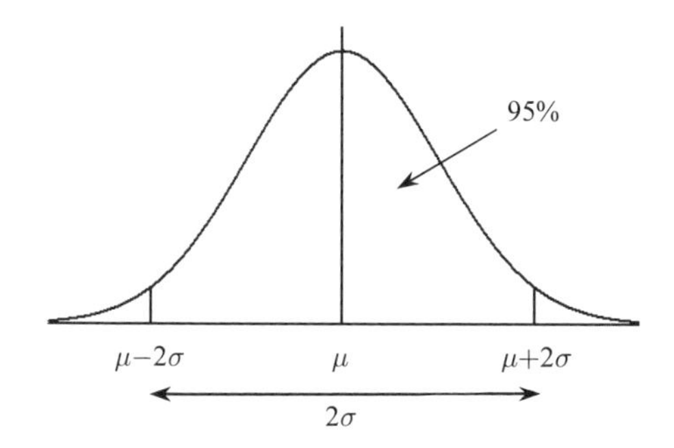

図 6-5　正規分布では平均 μ を中心として $\pm 2\sigma$（2σ区間）の中に 95%のデータが存在する。

このように、正規分布では、平均μを中心として、変数の範囲を決めれば、その範囲内に、成分が何%含まれているかがわかるのである。

ここでは、まず、平均 μ を中心として、$\pm 2\sigma$ の範囲には全体の 95% のデータが存在するということを利用して、母平均の区間推定を行ってみよう[15]。

演習 6-2　標準偏差が $\sigma=6$ の母集団から 81 個の標本を取り出したところ、その平均が $\bar{x}=15$ であった。このとき、母平均 μ が存在する範囲を 95% の信頼度で求めよ。

[15] 厳密には 95.4%であるが、ここでは、95%として話を展開していくことにする。

解）　標準偏差 $\sigma=6$ の母集団から取り出した 81 個の標本平均 $\bar{x}$ を成分とする集団の標準偏差 S は

$$S=\frac{\sigma}{\sqrt{n}}=\frac{6}{\sqrt{81}}=\frac{6}{9}\cong 0.67$$

となる。ここで、正規分布の性質から

$$\mu-S\leq\bar{x}\leq\mu+S$$

の範囲には、68%の成分が含まれ

$$\mu-2S\leq\bar{x}\leq\mu+2S$$

の範囲には、95 %の成分が含まれる。

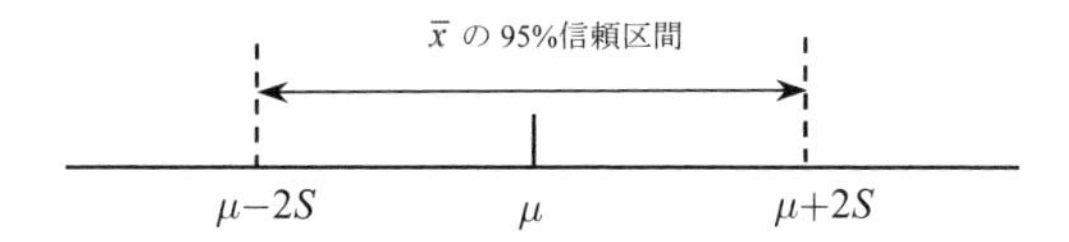

この結果から、95%の確率で、母平均 μ が存在する範囲は

$$\bar{x}-2S\leq\mu\leq\bar{x}+2S$$

と推測することができる。

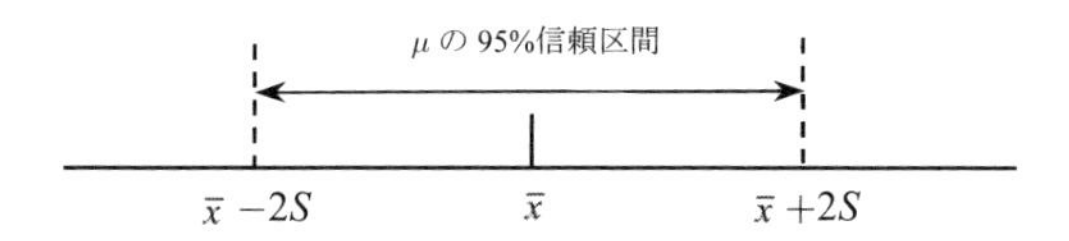

$2S=1.34$ であるから

$$15-1.34\leq\mu\leq 15+1.34$$

よって、95 % の確率で母平均が存在する範囲は

$$13.66\leq\mu\leq 16.34$$

と推定できる。

これが区間推定である。母平均そのものを 1 点で求めることはできないが、その値が、ある区間にどの程度の確率で存在するかということを推定できる。

上の例では「母平均 μ の 95% の**信頼区間** (confidence interval) は 13.66 ～16.34 である」と言うことができる。ここで、95% は**信頼係数** (confidence coefficient)

あるいは **信頼水準** (confidence level) や信頼度などと呼ばれる。信頼係数は%ではなく、0.95 と表記する場合もある。

もちろん、信頼係数を 95% に限定する必要はなく、実際には、任意の値に設定できる。また、95%信頼区間を与える値は$\pm 2S$ としているが、より厳密には$\pm 1.96S$ である。

6. 4.　信頼区間の求め方

たとえば、下図のように、F%の信頼区間を与える範囲のしきい値 D を求める方法を考える。

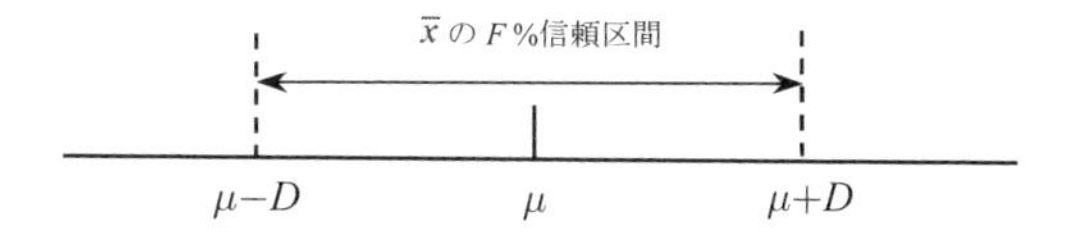

このとき、標本平均 $\bar{x}$ の標準偏差を S とすれば、$D = S$ ならば $F = 68$、$D = 2S$ ならば、$F = 95$, $D = 3S$ ならば $F = 99.7$ となるのであった。

実は、$D = aS$ と置けば、任意の F に対して a の値を決めることができる。たとえば、$F = 90$ つまり、90%信頼区間に対応した a は 1.606 となる。

ここで、標本平均 $\bar{x}$ が属する正規分布 $N(\mu, \sigma^2)$は

$$z = \frac{\bar{x} - \mu}{S}$$

という変数変換によって、標準正規分布 $N(0, 1)$ に変換することができる。このとき、F と a には

$$\int_{-a}^{a} \frac{1}{\sqrt{2\pi}} \exp\left(\frac{-z^2}{2}\right) dz = \frac{F}{100}$$

という関係が成立する。$F = 90$ のとき、右辺は 0.9 となる。このとき、$a = 1.606$ となる。F と a の対応は、正規分布表からすぐに求められ、表 6-2 のようになる。

もちろん、Microsoft EXCEL の組込み関数を使っても求めることが可能である。その方法については、第 5 章を参照されたい。

表 6-2　正規分布表から得られる F と a の対応表

$F/100$	0.68	0.8	0.9	0.95
a	1	1.285	1.606	1.96

> **演習** 6-3　標準偏差が $\sigma = 3$ の正規分布に従う集団から 10 個の標本データを採取して、平均を求めたところ $\bar{x} = 6$ であった。このとき、母平均 μ を 90% の信頼区間で推定せよ。

解）　正規分布の標準偏差は $\sigma = 3$ であるから、$n = 10$ 個の標本平均の標準偏差 S は

$$S = \frac{\sigma}{\sqrt{10}} \cong \frac{3}{3.16} \cong 0.95$$

となる。ここで、標準正規分布 $N(0,1)$ に従う変数は

$$z = \frac{\bar{x} - \mu}{S} = \frac{6 - \mu}{0.95}$$

となる。90%の信頼区間を与える z のしきい値は

$$\int_{-z}^{z} \frac{1}{\sqrt{2\pi}} \exp\left(\frac{-z^2}{2}\right) dz = 0.9$$

から $z = 1.606$ となる。したがって 90%の信頼区間

$$-1.606 \le z \le 1.\ 606$$

となるが、$z = \dfrac{6 - \mu}{0.95}$ より

$$-1.526 \le 6 - \mu \le 1.\ 526$$

となり、μ の 90%の信頼区間は

$$4.474 \le \mu \le 7.526$$

と与えられる。

このように、標本平均をもとに、任意の信頼係数に対応した母平均の信頼区間を得ることができる。

6. 5.　標本分散と母分散

標本平均という手がかりをもとに、母平均を推定する手法を前節で紹介したが、実は、この方法には問題がある。それは、母集団の平均値 μ だけではなく、その標準偏差 σ もわからないという事実である。よって標本標準偏差 S_x から、母集団の標準偏差 σ を推定する必要がある。.

標本分散 $S_x{}^2$ は

$$S_x{}^2 = \frac{(x_1 - \bar{x})^2 + (x_2 - \bar{x})^2 + (x_3 - \bar{x})^2 + ... + (x_n - \bar{x})^2}{n}$$

と与えられるが、母集団の分散 σ^2 は母平均を μ として

$$\sigma^2 = \frac{(x_1 - \mu)^2 + (x_2 - \mu)^2 + (x_3 - \mu)^2 + ... + (x_n - \mu)^2}{n}$$

と与えられる。

演習 6-4　母分散 σ^2 と標本分散 $S_x{}^2$ の差を求めよ。

解）　母分散を次のように変形する。

$$\sigma^2 = \frac{(x_1 - \bar{x} + \bar{x} - \mu)^2 + (x_2 - \bar{x} + \bar{x} - \mu)^2 + ... + (x_n - \bar{x} + \bar{x} - \mu)^2}{n}$$

すると

$$\sigma^2 = \frac{(x_1 - \bar{x})^2 + ... + (x_n - \bar{x})^2}{n} + \frac{2(x_1 - \bar{x}) + ... + 2(x_n - \bar{x})}{n}(\bar{x} - \mu) + (\bar{x} - \mu)^2$$

とさらに変形できる。ここで、右辺の第 1 項は、まさに標本分散 $S_x{}^2$ そのものである。第 2 項は

$$2(x_1 - \bar{x}) + ... + 2(x_n - \bar{x}) = 2(x_1 + x_2 + ... + x_n - n\bar{x}) = 0$$

であるから 0 となる。結局

$$\sigma^2 - S_x{}^2 = (\bar{x} - \mu)^2$$

となる。

このように標本分散 $S_x{}^2$ は母分散 σ^2 よりも $(\bar{x}-\mu)^2$ だけ小さいのである。ここで、$(\bar{x}-\mu)^2$ は、標本平均と母平均との差の平方であるが、これは標本平均の母平均のまわりの分散に相当する。前節で求めたように、標本数が n 個のとき、これは σ^2/n であった。よって

$$\sigma^2 = S_x{}^2 + \frac{\sigma^2}{n}$$

となる。したがって、n 個の標本データから求めた分散は

$$\sigma^2 = \frac{n}{n-1} S_x{}^2$$

のように補正すればよいことがわかる。たとえば、標本数が 5 個の場合には、5/4=1.25 倍する必要がある。この値を母分散の**不偏推定値** (unbiased estimate) と呼ぶ。ここで、unbiased という英語は「偏りのない」という意味である。“bias” には「偏り」という意味がある。

実は、いままで紹介してこなかったが、標本平均の方は、母平均の不偏推定値として使うことができる。これは、少し考えれば当たり前で、母集団から、作為なく抽出したデータであれば、その平均は母平均を中心に分布するからである。

6. 6. 母平均の推定

つぎの確率変数 t

$$t = \frac{\bar{x}-\mu}{\dfrac{\sigma}{\sqrt{n}}} = \sqrt{n}\,\frac{\bar{x}-\mu}{\sigma}$$

を使えば、この変数は標準正規分布である $N(0,1)$ に従うことになる。さらに、この変数を使えば、標本平均と母平均の関係がわかる。ただし、このままでは、まだ問題がある。それは、式のなかに未知の母標準偏差 σ が含まれている点である。そこで母分散の不偏推定値 σ^2 が

$$\sigma^2 = \frac{n}{n-1} S_x{}^2 \quad より \quad \sigma = \sqrt{\frac{n}{n-1}}\, S_x$$

と与えられることを利用する[16]。すると、t は

$$t=\frac{\bar{x}-\mu}{\dfrac{\sigma}{\sqrt{n}}}=\frac{\bar{x}-\mu}{\dfrac{1}{\sqrt{n}}\sqrt{\dfrac{n}{n-1}}\,S_x}=\frac{\bar{x}-\mu}{\dfrac{S_x}{\sqrt{n-1}}}=\sqrt{n-1}\,\frac{\bar{x}-\mu}{S_x}$$

となって、標本平均 $\bar{x}$ と、標本標準偏差 S_x という入手可能なデータを使って、母平均 μ の区間推定を行うことができることになる。

演習 6-5　正規分布に従う集団から $n=10$ 個の標本をとりだして平均を求めたところ $\bar{x}=6$ であった。標本標準偏差が $S_x=3$ と与えられるとき、母平均 μ の 90% 信頼区間を推定せよ。

解）　$n=10$ の標本の平均 $\bar{x}=6$、標準偏差 $S_x=3$ であるから、標準正規分布 $N(0,1)$ に従う変数は

$$t=\sqrt{n-1}\,\frac{\bar{x}-\mu}{S_x}=\sqrt{9}\,\frac{6-\mu}{3}=6-\mu$$

となる。90%の信頼区間を与える t のしきい値は演習 6-3 から $t=1.606$ であった。したがって 90%の信頼区間は

$$-1.606\leq t\leq 1.606$$

となるが、$t=6-\mu$ より

$$-1.606\leq 6-\mu\leq 1.606$$

から、μ の 90%の信頼区間は

$$4.394\leq\mu\leq 7.606$$

と与えられる。

このように、90% の信頼係数で母平均の範囲を推測することができるが、標本数が 10 個程度では、信頼区間に、かなりの幅がある。

そこで、標本数を増やして $n=82$ 個にしてみよう。いまの演習と平均と標準

---

[16] σ^2 は母分散の不偏推定値であるが、σ は母標準偏差の不偏推定値とはならない。標準偏差の不偏推定値については、12 章で紹介する。

偏差が同じとすると

$$t=\sqrt{n-1}\ \frac{\bar{x}-\mu}{S_x}=\sqrt{81}\ \frac{6-\mu}{3}=3(6-\mu)$$

となり $\dfrac{t}{3}=6-\mu$ から、90%の信頼区間は

$$5.465 \le \mu \le 6.535$$

となる。このように、標本数を増やせば、母平均 μ の信頼区間の幅を狭めることができ、推測統計の精度が向上することがわかる。

6. 7. t 分布による母平均の推定

確率変数 t

$$t=\frac{\bar{x}-\mu}{\dfrac{S_x}{\sqrt{n-1}}}=\sqrt{n-1}\,\frac{\bar{x}-\mu}{S_x}$$

は、標本数 n が多い場合には、標準正規分布 $N(0,1)$ に従うので、前節の手法が適用できる。

ところで、標本数 n が少ないと、上記の変数 t の分布は正規分布からずれることが知られている。このとき、変数 t はどのような分布に従うのであろうか。それは、**スチューデントの t 分布** (Student t distribution) と呼ばれる分布である[17]。単に t 分布とも呼ばれている。

また、統計では、標本数ではなく**自由度** (degrees of freedom) という指標を使う。自由度は、ギリシャ文字の f (freedom の頭文字) に相当する ϕ で表記される。t 分布では $\phi=n-1$ が自由度である。

t 分布の自由度が $n-1$ となるのは、n 個のデータを使って平均を計算しているため、標本平均を検定に使う時点で自由度が 1 個減るからである。

図 6-6 は、自由度が 1 と 10 と 100 の場合の t 分布の形状を示している。自由度が 100 では、ほぼ正規分布に近い分布が得られている。

---

[17] Student は、t 分布を研究したゴセット (William S. Gosset) が論文執筆時に用いたペンネームが由来である。

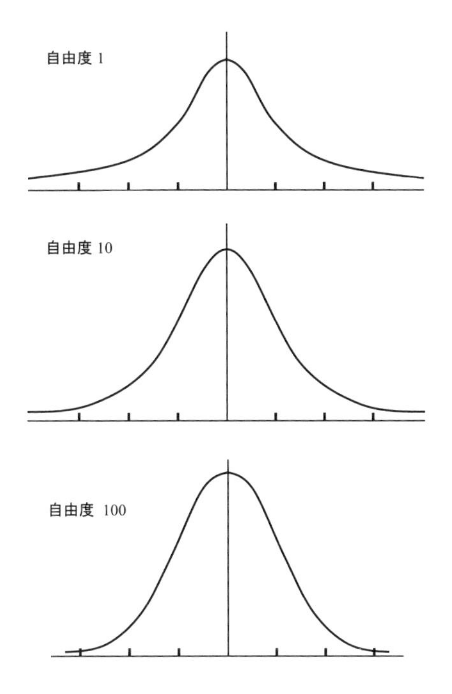

図 6-6　自由度の変化による t 分布形状の変化：自由度 1 は標本 2 個の平均の分布、自由度 10 は標本 11 個の平均、自由度 100 は 101 個の標本の平均が従う分布となる。

このように、t 分布は、自由度（標本数）に依存してかたちが変わるので、信頼区間を求める場合にも、自由度ごとに範囲が変化することに注意が必要である。

そこで、t 分布表を利用して信頼区間を決める方法を紹介しておこう。

一般の t 分布表では図 6-7 に示すように、分布の右すそ (tail) の面積が、ある値になる数値が表示される。ここでは、5%の面積となる数値の t に対応している。つまり、残りの面積は 95%となる。

ここで、t 分布において 90%の信頼区間を得たいとしよう。その場合には右すその面積 a が 0.05 となる点の値 t ($a = 0.05$) がわかればよい。すると、t 分布は左右対称であるから $-t$ から t の範囲 $(1-2a)$ が 90%信頼区間となる。

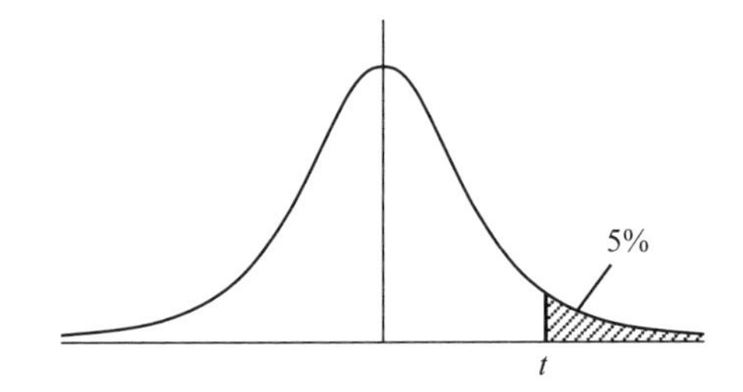

図 6-7　t 分布表の数値は、確率分布の右すそ面積に対応した値である。

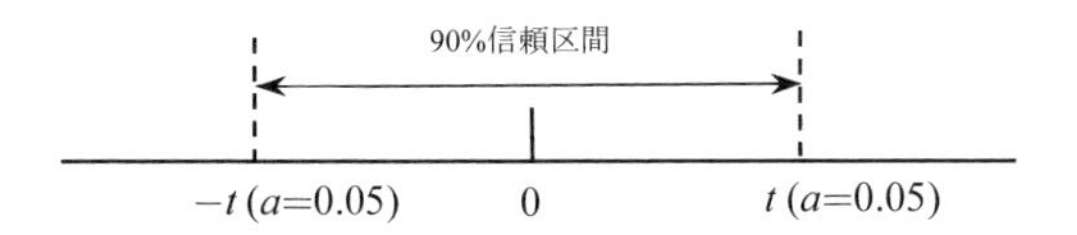

表 6-3 に示した自由度$\phi = 10$ の t 分布表から、$a = 0.05$ を与える点は、$t = 1.812$ とわかる。

表 6-3　自由度$\phi = 10$ の t 分布表

a	0.25	0.1	0.05	0.01
t	0.7	1.372	1.812	2.764

したがって、90%の信頼区間を与える変数 t の範囲は

$$-1.812 \leq t \leq +1.812$$

となる。

このように、t 分布表があれば、区間の指定が可能となる。かつては、この分布表を使うのが一般的であったが、いまでは、Microsoft EXCEL の組込関数を使って、t の値が簡単に得られるようになっている[18]。

具体的には、T.INV（**累積確率, 自由度**）という関数を使えばよく T.INV(0.95, 10)

[18] EXCEL 以外にも統計解析に関するソフトは市販されている。また、データが必要な場合には、インターネットでも提供されている。

$=1.812$ と出力される。これは、右すそ面積が 0.05 となる点は、累積確率が 0.95 の点となるからである。また、累積確率のところに、0.05 を入力すれば T.INV(0.05, 10) $=-1.812$ と出力される。これは、t 分布が左右対称だからである。

演習 6-6　正規分布に従う集団から $n=10$ 個の標本をとりだして、平均を求めたところ $\bar{x}=6$ であった。標本標準偏差が $S_x=3$ と与えられるとき、母平均 μ の 90% 信頼区間を、t 分布を利用して推定せよ。

解）　これは、演習 6-5 とまったく同じ設問である。ただし、$n=10$ であるから、統計としては、正規分布ではなく自由度 $\phi=n-1=9$ の t 分布を利用する必要がある。

累積確率が 0.05 と 0.95 となる点は Microsoft EXCEL から

$$\text{T.INV}\,(0.05, 9) = -1.833 \qquad \text{T.INV}\,(0.95, 9) = 1.833$$

と与えられるので、90% 信頼区間は

$$-1.833 \le t \le +1.833$$

となる。

このときの t は、母平均 μ とは

$$t=\sqrt{n-1}\,\frac{\bar{x}-\mu}{S_x}=\sqrt{9}\,\frac{6-\mu}{3}=6-\mu$$

という関係にあるので

$$-1.833 \le 6-\mu \le +1.833$$

となり、母平均 μ の 90% 信頼区間は

$$4.167 \le \mu \le 7.833$$

となる。

演習 6-5 において、正規分布を仮定して推測した場合の 90%信頼区間が

$$4.394 \le \mu \le 7.606$$

であったので、明らかに、t 分布を仮定した母平均の信頼区間の方が広がっていることがわかる。よって、標本数が少ない場合には、t 分布を利用することが必須となる。

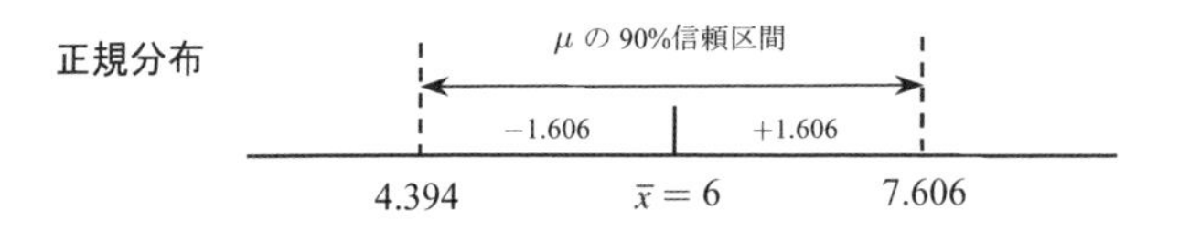

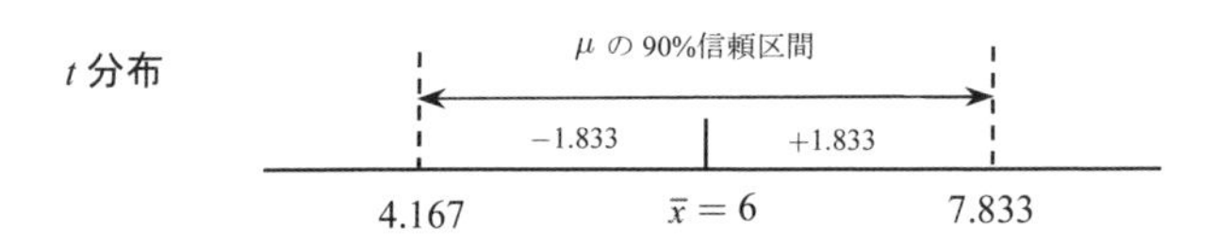

図 6-8 正規分布ならびに t 分布を仮定した場合の 90%信頼区間の比較。標本数が少ないときに正規分布を仮定すると信頼区間を過剰に狭めてしまう。

標本数を増やして $n = 82$ 個の場合にはどうなるだろうか。まず、この場合は、自由度が $\phi = 82 - 1 = 81$ の t 分布に従う。

このとき、累積確率が 0.05 ならびに 0.95 となる t の値は

$$\text{T.INV}\,(0.05, 81) = -1.664 \qquad \text{T.INV}\,(0.95, 81) = 1.664$$

より、90% 信頼区間は

$$-1.664 \le t \le +1.664$$

となる。ここで、t は

$$t = \sqrt{n-1}\,\frac{\bar{x} - \mu}{S_x} = \sqrt{81}\,\frac{6-\mu}{3} = 3\,(6-\mu)$$

となるので

$$-1.664 \le 3(6-\mu) \le +1.664$$

となる。

よって、母平均 μ の 90% 信頼区間は

$$5.445 \le \mu \le 6.555$$

と与えられる。

このように、標本数が 10 から 82 へと増えれば、推測の精度は向上する。

6. 8.　χ^2 分布による分散の検定

母分散の不偏推定値として

$$\sigma^2 = \frac{n}{n-1}S_x{}^2$$

という値を採用しているが、本来、統計学的な解析では、この値がどの程度信頼できるのかを判定することも必要となる。

つまり、母平均と同じように母分散の区間推定ができなければ統計的手法としては不十分である。それでは、分散はどのような分布に従うのだろうか。平均ならば、正規分布と t 分布を考えればよかった。実は、分散の検定には χ^2 分布を利用している。それを見ていこう。

まず、標本分散は

$$V_x = S_x{}^2 = \frac{(x_1-\bar{x})^2+(x_2-\bar{x})^2+\cdots+(x_n-\bar{x})^2}{n} = \sum_{i=1}^{n}\frac{(x_i-\bar{x})^2}{n}$$

と与えられる。このように、分散は正の値しかとらない。また、標本数 n にも依存する。

実は、母分散 σ^2 を区間推定する際には

$$\frac{(x_1-\bar{x})^2+(x_2-\bar{x})^2+\cdots+(x_n-\bar{x})^2}{\sigma^2} = \sum_{i=1}^{n}\frac{(x_i-\bar{x})^2}{\sigma^2}$$

という比を利用すればよいことが知られている。これは、標本分散

$$V_x = S_x{}^2 = \sum_{i=1}^{n}\frac{(x_i-\bar{x})^2}{n}$$

と母分散 σ^2 の比の n 倍に対応しており、この変数のことを χ^2 （**カイ 2 乗**：chi square）と呼んでいる。すなわち

$$\chi^2 = \frac{nV_x}{\sigma^2} = \frac{nS_x{}^2}{\sigma^2} = \sum_{i=1}^{n}\frac{(x_i-\bar{x})^2}{\sigma^2}$$

となる。

そして、この変数が従う確率分布を χ^2 分布と呼んでいる。この分布は、当然のことながら成分の数 n によって変化する。ただし、χ^2 の場合も t 分布と同様に成分数ではなく自由度 ϕ で表現し、$\phi = n-1$ の関係にある[19]。

たとえば、自由度 $\phi = 1$ と 2 の χ^2 は

[19] 標本平均ではなく、母平均 μ を使った場合には自由は $\phi = n$ となる。

$$\chi^2(\phi=1)=\frac{(x_1-\overline{x})^2+(x_2-\overline{x})^2}{\sigma^2}$$

$$\chi^2(\phi=2)=\frac{(x_1-\overline{x})^2+(x_2-\overline{x})^2+(x_3-\overline{x})^2}{\sigma^2}$$

となる。ここでは、平均$\overline{x}$を求めるためにデータを使っているので、自由度は1個減っている。よって、自由度 $\phi=n-1$ のχ^2は

$$\chi^2(\phi=n-1)=\sum_{i=1}^{n}\frac{(x_i-\overline{x})^2}{\sigma^2}$$

となる。図 6-9 に、代表的なχ^2分布のグラフを示す。χ^2分布は、正規分布やt分布と異なり、左右対称とはならない。

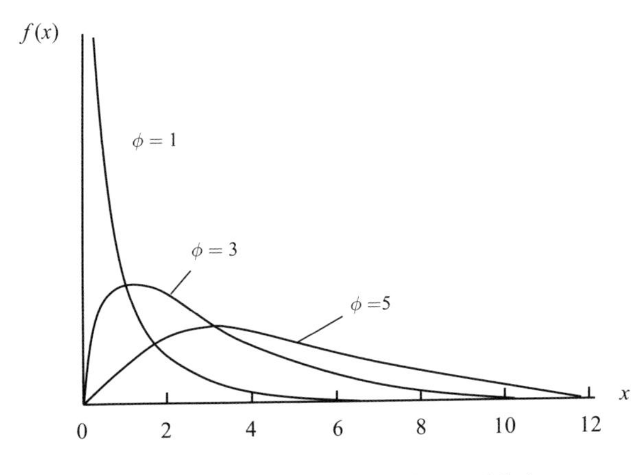

図 6-9　自由度ϕが 1, 3, 5 に対応したχ^2分布

また、定義式から明らかなように、正の値しかとらないという特徴がある。

具体例で分散の区間推定を行ってみよう。いま、母集団から取り出した 6 個の標本が (2, 2, 3, 3, 4, 5) としよう。標本平均は

$$\overline{x}=\frac{2+2+3+3+4+5}{6}\cong 3.17$$

標本分散 $S_x{}^2$ は

$$S_x{}^2 = \frac{2(-1.17)^2 + 2(-0.17)^2 + (0.83)^2 + (1.83)^2}{6} = \frac{6.83}{6} = 1.14$$

となっている。$n = 6$ であるから、母分散の不偏推定値は

$$\sigma^2 = \frac{n}{n-1} S_x{}^2 = \frac{6}{6-1} \times 1.14 \cong 1.37$$

となる。

しかし、この値がどの程度の信頼性があるかは、このままではわからない。そこで、χ^2 分布を利用して、母分散の信頼区間と範囲を求めることにしよう。母分散を σ^2 とすると、この標本データの χ^2 は

$$\chi^2 = \frac{n S_x{}^2}{\sigma^2} = \frac{6.84}{\sigma^2}$$

と与えられる。これは自由度が $\phi = n-1 = 6-1 = 5$ の χ^2 分布（図 6-10）に従う。

ここで、母分散の 90% 信頼区間を求めてみる。

χ^2 分布の場合も自由度（$\phi = n-1$）をパラメータとして、Microsoft EXCEL の組込関数の CHISQ.INV (**累積確率, 自由度**) を使えば、累積確率と自由度を与えることで値が得られる。

信頼係数 90%の場合、累積確率が 0.05 と 0.95 となる点の χ^2 の値が必要となる。これら点は、それぞれ

CHSQ.INV (0.05,5) = 1.145

CHSQ.INV (0.95,5) = 11.07

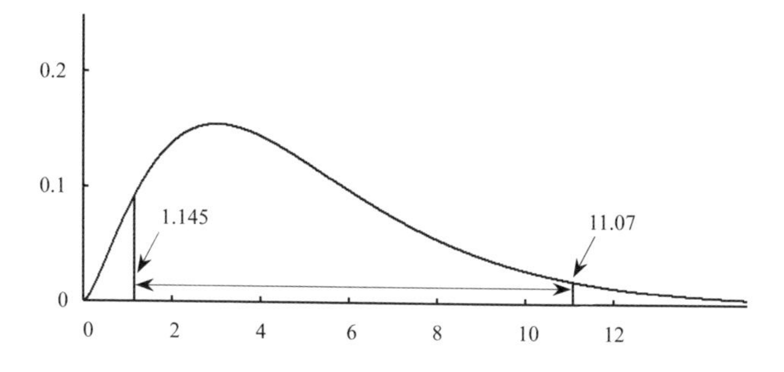

図 6-10　自由度 5 の χ^2 分布における母分散の 90%信頼区間

と与えられる。

よって、90%信頼区間は

$$1.145 \le \chi^2 \le 11.07$$

から

$$1.145 \le \frac{6.84}{\sigma^2} \le 11.07$$

となる。結局、母分散の 90%信頼区間は

$$0.62 \le \sigma^2 \le 5.97$$

となる。

演習 6-7　正規分布に従う母集団から取り出した 9 個の標本データが

$$(1, 2, 3, 4, 5, 6, 7, 8, 9)$$

と与えられるとき、母分散の不偏推定値と、その 90%信頼区間を求めよ。

解）　標本平均は

$$\bar{x} = \frac{1+2+3+4+5+6+7+8+9}{9} = 5$$

となる。標本分散 $S_x{}^2$ は

$$S_x{}^2 = \frac{4^2+3^2+2^2+1^2+0^2+1^2+2^2+3^2+4^2}{9} = \frac{60}{9}$$

となっている。よって、$n=9$ であるから、母分散の不偏推定値は

$$\sigma^2 = \frac{n}{n-1} S_x{}^2 = \frac{9}{9-1} \times \frac{60}{9} = 7.5$$

となる。

つぎに、母分散の 90%信頼区間を求める。この標本データの χ^2 は

$$\chi^2 = \frac{n S_x{}^2}{\sigma^2} = \frac{60}{\sigma^2}$$

と与えられる。これは、自由度が $\phi=9-1=8$ の χ^2 分布に従う。90%信頼区間のしきい値を与える χ^2 の値は、累積確率が 0.05 と 0.95 に対応する点となるが、Microsoft EXCEL の組込関数を使うと、それぞれ

$$\mathrm{CHSQ.INV}\,(0.05,8) = 2.733$$

$$\mathrm{CHSQ.INV}\,(0.95,8) = 15.51$$

と与えられる。したがって 90%信頼区間は

$$2.733 \le \chi^2 \le 15.51$$

から

$$2.733 \le \frac{60}{\sigma^2} \le 15.51$$

となる。結局、母分散は 90%の信頼度で

$$3.9 \le \sigma^2 \le 22.0$$

の範囲に存在することになる。

このように、標本データから、母分散を推定するには、χ^2 分布を利用すればよい。また、参考値であるが、標準偏差は、$1.97 \le \sigma \le 4.69$ の範囲となる。

6. 9.　F 分布による分散の比の推定

回帰分析の検定においては、相関係数や重回帰分析の分散分析に F 分布が登場する。統計では、異なる二つの正規母集団の分散の比を統計的に解析したい場合もあるが、この分散の比は、F 分布と呼ばれる確率分布に従うことが知られている。

A, B という正規母集団から、標本を取り出して、それぞれの母分散の比: $\sigma_B{}^2/\sigma_A{}^2$ を推定する場合には

$$F = \frac{\chi_A{}^2}{\phi_A} \bigg/ \frac{\chi_B{}^2}{\phi_B}$$

という χ^2 の比を利用する。この確率変数を F と呼んでいる。このとき、分子分母を自由度で割って規格化している。

$$F = \chi_A{}^2 / \chi_B{}^2$$

ではなく、規格化が必要になる理由は簡単である。A, B 双方が正規母集団に属する場合であっても、取り出す標本数によって、それぞれの不偏推定値が影響を受けるからである。したがって、サンプル数の差を考慮して、それぞれの集団に

フェアな比較をしているのが F 分布なのである。

そして、分子分母の自由度が ϕ_A, ϕ_B の場合には、自由度 (ϕ_A, ϕ_B) の F 分布と呼んでいる。$F(\phi_A, \phi_B)$ と表記する場合もある。つまり

$$F(\phi_A, \phi_B) = \frac{{\chi_A}^2}{\phi_A} \bigg/ \frac{{\chi_B}^2}{\phi_B}$$

となる。このとき、ϕ_A は分子の自由度、ϕ_B は分母の自由度である。ところで、この比をとるときに、どちらの集団の χ^2 を分子に選んでよいのか迷ってしまうかもしれない。実は、分子、分母どちらでもよいのである。ただし、分子と分母を変えると、当然分布も変わる。ただし、どちらが分子分母かをわかってさえいれば、結果は変わらない。このとき

$$F(\phi_B, \phi_A) = \frac{{\chi_B}^2}{\phi_B} \bigg/ \frac{{\chi_A}^2}{\phi_A} = \frac{1}{F(\phi_A, \phi_B)}$$

という関係にある。具体的な数値で示せば

$$F(9,4) = \frac{1}{F(4,9)}$$

という関係となる。

F 分布の場合にも、すでにその分布が詳細に研究されており、F 分布を利用して分散の比の区間推定を行う場合には、Microsoft EXCEL の組込関数である F.INV(**累積確率、自由度** 1, **自由度** 2) を利用する。すると、F.INV(0.95, ϕ_1, ϕ_2) と入力すると、自由度 (ϕ_1, ϕ_2) に対応し、累積確率が 0.95 となる F の値が得られ

F.INV (0.95, 1, 1) = 161.45　　F.INV (0.95, 1, 5) = 6.61

F.INV (0.95, 5, 1) = 230.16　　F.INV (0.95, 3, 4) = 6.59

のように与えられる。

演習 6-8　ある工場の優秀なふたりの旋盤工が、直径 20 [mm] のパイプ加工をした。工員 A は 16 個のパイプ加工を、B は 12 個のパイプ加工をしている。製品検査をしたところ、ふたりとも平均は 20 [mm] であったが、標準偏差は、それぞれ 1.5 [mm] と 0.5 [mm] であった。標準偏差を見ると、工員 A の加工品のバラツキの平均が 1.5 [mm] と大きな値を示している。この結果から、工員 B の方が優秀だと判定してよいのであろうか。

表 6-4　工員 A, B の技能比較

	A	B
標本数	16	12
平均 [mm]	20	20
標準偏差	1.5	0.5

解）　まず、それぞれの χ^2 を求めると

$$\text{A}: \ {\chi_\text{A}}^2 = \frac{n_\text{A} {S_\text{A}}^2}{{\sigma_\text{A}}^2} = \frac{16 \times (1.5)^2}{{\sigma_\text{A}}^2} = \frac{36}{{\sigma_\text{A}}^2}$$

$$\text{B}: \ {\chi_\text{B}}^2 = \frac{n_\text{B} {S_\text{B}}^2}{{\sigma_\text{B}}^2} = \frac{12 \times (0.5)^2}{{\sigma_\text{B}}^2} = \frac{3}{{\sigma_\text{B}}^2}$$

であり、自由度は $\phi_\text{A} = n_\text{A} - 1 = 15$，$\phi_\text{B} = n_\text{B} - 1 = 11$ であるから確率変数 F は

$$F = \frac{{\chi_\text{A}}^2}{\phi_\text{A}} \Bigg/ \frac{{\chi_\text{B}}^2}{\phi_\text{B}} = \frac{36}{15{\sigma_\text{A}}^2} \Bigg/ \frac{3}{11{\sigma_\text{B}}^2}$$

となり、変形すると $F = 8.8 \dfrac{{\sigma_\text{B}}^2}{{\sigma_\text{A}}^2}$ となる。

この値の 90%信頼区間を推定してみよう。図 6-11 は自由度 (15, 11) の F 分布である。この図で累積確率が 0.05 と 0.95 になる点の F の値は

F.INV (0.05, 15, 11) = 0.40　　　F.INV (0.95, 15, 11) = 2.72

となる。

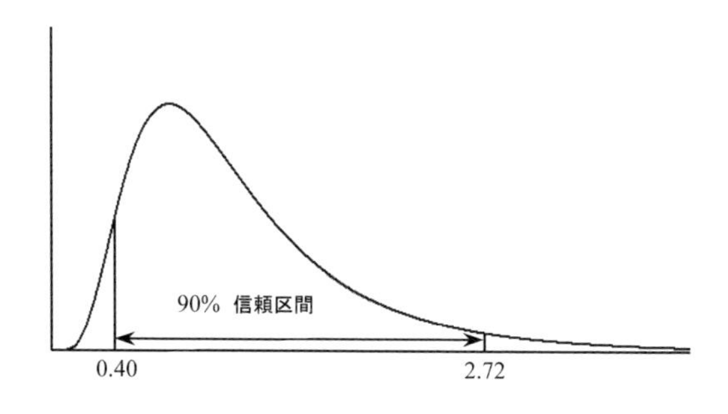

図 6-11　自由度が (15, 11) の F 分布と 90%信頼区間

よって信頼係数90%での信頼区間は

$$0.40 \le F \le 2.72$$

となる。$F = 8.8 \dfrac{{\sigma_B}^2}{{\sigma_A}^2}$ であるから

$$0.40 \le 8.8 \frac{{\sigma_B}^2}{{\sigma_A}^2} \le 2.72$$

から

$$0.045 \le \frac{{\sigma_B}^2}{{\sigma_A}^2} \le 0.309$$

となり、90%の信頼度で ${\sigma_B}^2 / {\sigma_A}^2 \le 1$ となっているから、工員Bの製品のバラツキが小さいという判定が下せることになる。

以上のように、標本データがあれば、t 分布を使った母平均 μ の推定、χ^2 分布を使った母分散 σ^2 の推定、さらに、F 分布を使った分散比の推定などが可能となる。

それでは、最後に、宿題となっていた**正規分布の加法性** (additive property of normal distribution) を確かめてみよう。

6. 10.　正規分布の加法性

正規分布に従うふたつの集団から標本を取り出し、その和で新たな集団をつくると、その和も正規分布に従う。それは

$$N(\mu_1, {\sigma_1}^2) + N(\mu_2, {\sigma_2}^2) \to N(\mu_1 + \mu_2, {\sigma_1}^2 + {\sigma_2}^2)$$

というものであった。

いま、確率変数 x および y が正規分布 $N(\mu_1, {\sigma_1}^2)$ および $N(\mu_2, {\sigma_2}^2)$ に従うものとする。これら集団より、ふたつの確率変数を取り出し、その和 $x+y$ で新たな分布を作った場合を考えてみよう。つまり

$$f(x) = \frac{1}{\sqrt{2\pi}\sigma_1} \exp\left(\frac{-(x-\mu_1)^2}{2{\sigma_1}^2} \right) \qquad g(y) = \frac{1}{\sqrt{2\pi}\sigma_2} \exp\left(\frac{-(y-\mu_2)^2}{2{\sigma_2}^2} \right)$$

という確率密度関数に従う確率変数を考える。この際、x は y に関係なく自由に抽出できる。よって、両者に相関はなく、互いに独立している。

このとき $x+y$ の期待値は

$$E[x+y]=E[x]+E[y]=\mu_1+\mu_2$$

となって、それぞれの平均値の和となる。

つぎに、$x+y$ の分散は

$$V[x+y]=E\left[(x+y)^2\right]-\left(E[x+y]\right)^2=E\left[(x+y)^2\right]-(\mu_1+\mu_2)^2$$

と与えられる。ここで

$$E\left[(x+y)^2\right]=E\left[x^2+2xy+y^2\right]=E\left[x^2\right]+2E[xy]+E\left[y^2\right]$$

と変形できる。

演習 6-9　確率変数が互いに独立の場合

$$E[xy]=E[x]E[y]$$

となることを利用して、$E\left[(x+y)^2\right]$ を計算せよ。

解）　$E[x]=\mu_1$, $E[y]=\mu_2$ であるから

$$E[xy]=E[x]E[y]=\mu_1\,\mu_2$$

よって

$$E\left[(x+y)^2\right]=E\left[x^2\right]+E\left[y^2\right]+2\mu_1\,\mu_2$$

となる。

演習 6-10　確率変数が互いに独立の場合

$$V[x+y]=V[x]+V[y]$$

となることを確かめよ。

解） 分散は

$$V[\,x+y\,]=E\left[\left(\,x+y\,\right)^2\right]-(\,\mu_1+\mu_2)^2$$

となるが

$$E\left[(x+y)^2\right]=E\left[x^2\right]+E\left[y^2\right]+2\mu_1\,\mu_2$$

であるから

$$V\left[x+y\right]=E\left[\,x^2\right]+E\left[\,y^2\right]+2\mu_1\mu_2-(\,\mu_1{}^2+2\mu_1\mu_2+\mu_2{}^2)$$

$$=E\left[\,x^2\right]+E\left[\,y^2\right]-(\,\mu_1{}^2+\mu_2{}^2)$$

となる。ここで、右辺はつぎのように変形できる。

$$V\left[x+y\right]=\left(E\left[\,x^2\right]-\mu_1{}^2\right)+\left(E\left[\,y^2\right]-\mu_2{}^2\right)$$

よって

$$V\left[x+y\right]=V\left[\,x\,\right]+V\left[\,y\,\right]$$

となることが確かめられる。

このように、正規分布の成分の和では、平均ならびに分散も和になるから

$$N(\,\mu_1,\sigma_1{}^2)+N(\,\mu_2,\sigma_2{}^2)\rightarrow N(\,\mu_1+\mu_2,\sigma_1{}^2+\sigma_2{}^2)$$

となって加法性が成立することがわかる。

上記の関係において、$\mu_2=\mu_1$, $\sigma_2=\sigma_1$ と置くと

$$N(\,\mu_1,\sigma_1{}^2)+N(\,\mu_1,\sigma_1{}^2)\rightarrow N(2\mu_1,2\sigma_1{}^2)$$

となる。

演習 6-11 同じ平均と分散からなる正規分布から 2 個の成分を取り出して、その平均で、新たな分布をつくったときの平均と分散を求めよ。

解） まず、平均の期待値は

$$E\left[\frac{x+y}{2}\right]=\frac{1}{2}E[x]+\frac{1}{2}E[y]=\mu$$

となって、母平均となる。

つぎに分散は

$$V\left[\frac{x+y}{2}\right]=E\left[\left(\frac{x+y}{2}\right)^2\right]-\left(E\left[\frac{x+y}{2}\right]\right)^2=E\left[\left(\frac{x+y}{2}\right)^2\right]-\mu^2$$

となるが

$$E\left[\frac{x^2+2xy+y^2}{4}\right]-\mu^2=\frac{E[x^2]+2E[xy]+E[y^2]}{4}-\mu^2$$

さらに

$$E[xy]=E[x]E[y]=\mu^2$$

であるから

$$V\left[\frac{x+y}{2}\right]=\frac{E[x^2]+2E[xy]+E[y^2]}{4}-\mu^2=\frac{E[x^2]+2\mu^2+E[y^2]}{4}-\mu^2$$

$$=\frac{E[x^2]-2\mu^2+E[y^2]}{4}=\frac{\left(E[x^2]-\mu^2\right)+\left(E[y^2]-\mu^2\right)}{4}=\frac{\sigma^2+\sigma^2}{4}=\frac{\sigma^2}{2}$$

となる。

したがって、2 個の標本データの平均値の分散は

$$V_2=\frac{\sigma^2}{2}$$

となり、標準偏差は

$$S_2=\sqrt{\frac{\sigma^2}{2}}=\frac{\sigma}{\sqrt{2}}$$

となる。

同様にして、n 個の標本データの平均値の分散と標準偏差は

$$V_n=\frac{\sigma^2}{n} \qquad S_n=\frac{\sigma}{\sqrt{n}}$$

となる。これは、n 個の標本平均の分散の計算結果である

$$V\left[\frac{1}{n}\sum_{i=1}^{n}x_i\right]=\frac{1}{n^2}\left\{V\left[x_1\right]+V\left[x_2\right]+\ldots+V\left[x_n\right]\right\}=\frac{n\sigma^2}{n^2}=\frac{\sigma^2}{n}$$

からも確かめられる。ここでは、a を定数とした場合に、分散では

$$V[ax]=a^2V[x]$$

が成立することを使っている。

第7章　仮説検定

本章では、統計的な検定手法を紹介する。この手法は**仮説検定** (hypothesis testing) と呼ばれ、ある仮説を立てることから始まる。そのうえで、その仮説が正しいかどうかを統計学的に検証するのである。よって、**統計的仮説検定** (statistical hypothesis testing) と呼ぶ場合もある。

回帰分析の応用では、「ふたつの変数間に相関があるかどうか」の検証に利用される。たとえば「2 変数間には相関がない」という仮説を立てたとしよう。この仮説を統計学的に分析し、それを否定できれば、2 変数には相関があるという結論が得られる。

この手法の仮説の立て方は、逆説的であるので当初は戸惑うかもしれないが、何度か演習すれば有効な手法であることが理解できると思う。

7. 1.　統計における仮説検定

統計検定では、まず**仮説** (hypothesis) を立てる必要がある。例として、「日本人男性の平均身長は 160 [cm] である」という仮説を立てたとしよう。すると、この仮説の 160 [cm] という値が、想定している確率分布の中でどこに位置するかが判定材料になる。

ここで、日本人から任意の 5 人を選んで、その身長分布から仮説を検定することを考える。このとき、統計的には、その分布は自由度が 4 の t 分布に従う。そのうえで、その仮説が正しいと想定される**採択域** (region of acceptance) と**棄却域** (region of rejection) を決めて判定する。これを**仮説検定** (test of hypothesis) と呼んでいる。

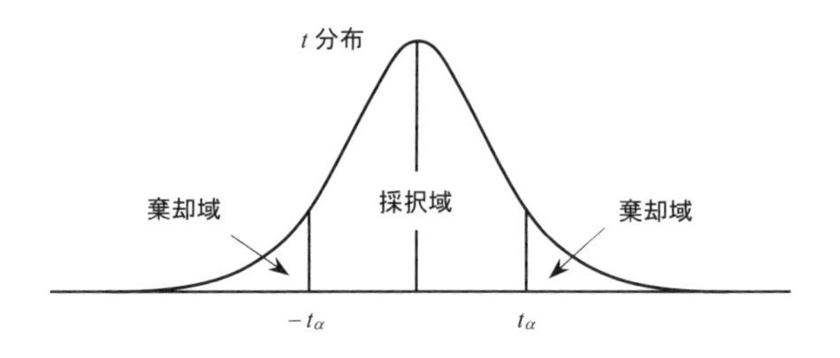

図 7-1 統計検定の採択域と棄却域：棄却域の面積 (2α) を決めれば、境界の$\pm t_\alpha$の値を t 分布から求めることができる。

境界をどこに置くかという判断は、ケースバイケースで違ってくる。一般には、95%の信頼区間からはずれていれば、その仮説は棄却するという条件を採用している。つまり、両すその面積がそれぞれ 2.5% となる境界が選ばれる。ところで、この仮説を棄却したとしても、まだ 5%だけ、その仮説が正しい可能性が残ることになる。そこで、統計では、この 5%のことを**危険率** (risk) とも呼んでいる。あるいは、それを超えると意味がないとして**有意水準** (significance level) と呼ぶ場合もある。たとえば、**5%の有意水準で仮説検定する**と表現する。

7. 2. 帰無仮説と対立仮説

統計解析においては、互いに対立する二つの仮説を立てる。たとえば、日本人男性の平均身長が 160 [cm] かどうかを考えたとき

仮説 1 日本人男性の平均身長は 160 [cm] である
仮説 2 日本人男性の平均身長は 160 [cm] ではない

という 2 つの仮説をたてる。これらの仮説は一方が正しければ、他方は正しくないという関係にある。仮説検定の手順は

1　仮説を立てる
2　対象の集団から標本を抽出する　（標本数は多いほどよい）
3　標本の平均と分散などを求め、母集団の確率分布を推定する
4　仮説において設定した値が確率分布のどの位置にあるかを調べ、採択あるいは棄却を決める

それでは、実際に検定作業を進めてみよう。日本人を 5 人集め、身長のデータを調べたところ

150, 160, 165, 170, 175 [cm]

であった。

すると、その標本平均は

$$\bar{x} = \frac{150 + 160 + 165 + 170 + 175}{5} = 164$$

のように 164 [cm] となる。標本分散 V_x は

$$V_x = \frac{14^2 + 4^2 + 1^2 + 6^2 + 11^2}{5} = \frac{370}{5} = 74$$

となり、標本標準偏差 S_x は

$$S_x = \sqrt{V_x} = \sqrt{74} \cong 8.6$$

となる。ここで、自由度 $\phi = 4$ の t 分布に従う確率変数は

$$t = \sqrt{n-1}\,\frac{\bar{x} - \mu}{S_x} = \sqrt{4}\,\frac{164 - \mu}{8.6} = \frac{164 - \mu}{4.3}$$

となる。

このとき、平均 μ の 160 [cm] が、t 分布のどこに位置するかで仮説を検定することができる。ここで、日本人の場合、平均が 160 [cm] よりも高い場合と、低い場合が想定されるので、両側検定が必要になる。

95%信頼度で、母平均 μ の信頼区間を調べる。自由度 4 で累積確率が 0.025 と 0.975 になる点は、EXCEL の組込関数を使うと

$$\text{T.INV}(0.025, 4) = -2.776 \qquad \text{T.INV}(0.975, 4) = 2.776$$

と与えられる。

よって 95%の信頼度での採択域は

$$-2.776 \le t \le 2.776$$

となるが、$t = \dfrac{164 - \mu}{4.3}$ であるから

$$-2.776 \le \frac{164 - \mu}{4.3} \le 2.776$$

から、母平均 μ の 95%信頼区間、つまり採択域は

$$152.1 \le \mu \le 175.9$$

となる。

したがって、$\mu = 160$ [cm] は採択域に位置している。この場合、推測統計では、日本人の身長の平均は、95%の信頼係数で、152.1 [cm] から 175.9 [cm] の範囲内にあると結論できるのであった。

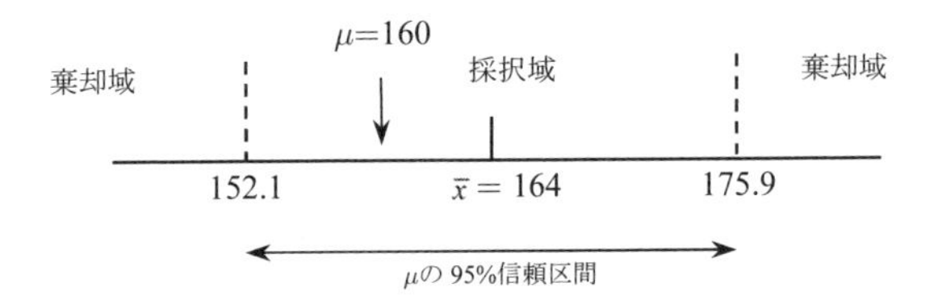

一方、帰無仮説の「日本人の平均身長は 160 [cm] である」という仮説は棄却することはできない。逆説的な言いまわしであるが、統計検定においては、**仮説 1 は棄却されてはじめて意味を持つ**のである。つまり、それが棄却されれば、われわれは、「日本人男性の平均身長は 160 [cm] ではない」という結論を得ることができる。

言い換えれば、仮説 1 は無に帰してはじめて意味を持つことになる。よって、このような仮説を**帰無仮説** (null hypothesis) と呼んでいる。"null" という英語はゼロあるいは無という意味である。つまり、統計検定では、棄却したい仮説を立てて、それを検証することになる[20]。

[20] ただし、今回の帰無仮説はわかりやすい例として使っているだけで、それを棄却して意味があるものではないことを付記しておく。

> **演習 7-1**　標本として選んだ日本人 5 人の身長が
>
> 170, 175, 180, 180, 185 [cm]
>
> であったときに、仮説 1 を検証せよ。

解）　その平均は

$$\bar{x}=\frac{170+175+180+180+185}{5}=178$$

となり、178 [cm] となる。標本分散 V_x は

$$V_x=\frac{8^2+3^2+2^2+2^2+7^2}{5}=\frac{130}{5}=26$$

したがって、標本標準偏差 S_x は

$$S_x=\sqrt{V_x}=\sqrt{26}\cong 5.1$$

となる。ここで、自由度 $\phi=n-1=4$ の t 分布に従う確率変数は

$$t=\sqrt{n-1}\,\frac{\bar{x}-\mu}{S_x}=\sqrt{4}\,\frac{178-\mu}{5.1}=\frac{178-\mu}{2.55}$$

母平均 μ の 95%信頼区間は

$$-2.776\le\frac{178-\mu}{2.55}\le 2.776$$

から、母平均の採択域は

$$171\le\mu\le 185$$

となる。

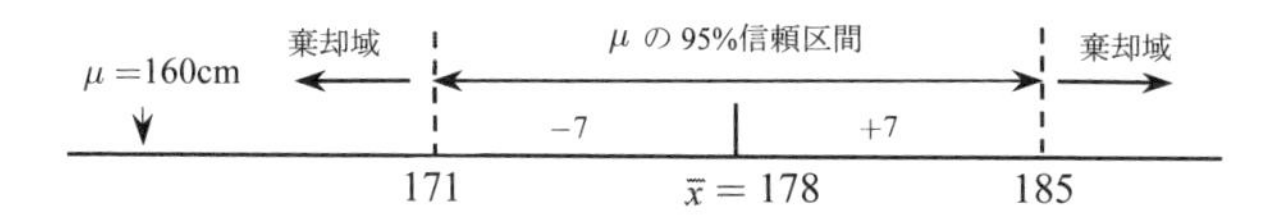

よって、$\mu=160$ [cm] は棄却域にあり、帰無仮説は棄却でき、日本人の平均身長は 160 [cm] ではないと結論できることになる。

帰無仮説という名称は、いかにも否定的な表現であるが、上にも述べたように、

仮説検定においては、帰無仮説が棄却されることを半ば期待しているのである。そして、仮説 2 は仮説 1 と対立関係にあるので、仮説 1 が棄却された場合に、それが正しいことが証明される。よって、この仮説を**対立仮説** (alternative hypothesis) と呼んでいる。つまり、検定の本意は**対立仮説の証明**にある。

これら仮説は hypothesis の頭文字をとって、H と表記される。そして、帰無仮説は null hypothesis の null が 0 という意味であるので、H_0 と表記される。これに対し、対立仮説は 0 か 1 かという対立関係から H_1 と表記する。そして、今の平均身長の例を表記すると

$$H_0 : \mu = 160\,[\mathrm{cm}] \qquad H_1 : \mu \neq 160\,[\mathrm{cm}]$$

と書くことができる。H_1 には $\mu > 160$ と $\mu < 160$ が入る。

さて、この仮説を検定する場合、日本人男性の場合は 160 [cm] が平均より大きいか小さいかわからないので、信頼区間としては、分布の中心から 95%の範囲を選んだ。よって、5%危険率（5%有意水準）としては、図 7-2 に示すように、分布の両すそ (tail) の面積が併せて 0.05（つまり、それぞれのすその面積が 0.025）の値を採用したのである。このような検定を**両側検定** (two-tailed test) と呼んでいる。

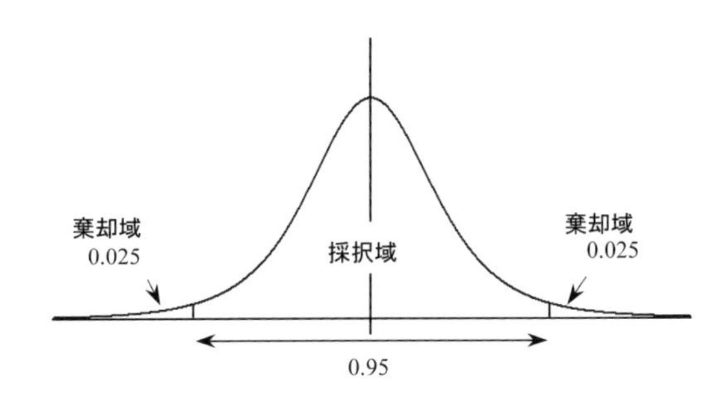

図 7-2　有意水準 5% (0.05) の両側検定

一方、予想のずれが一方にしかない場合、信頼区間としては分布全体の片側の 95%の範囲を選ぶ。よって、5%有意水準は、片側のすその面積が 0.05 の値を採用する。このような検定を**片側検定** (one-tailed test) と呼んでいる。

7. 3.　t 検定

平均身長の検定の例は、母平均の検定である。推測統計の章で紹介したように、正規母集団の標本平均から得られる変数 t

$$t = \sqrt{n-1}\,\frac{\bar{x} - \mu}{S_x}$$

は、標本数 n が少ない場合には、t 分布に従う。この変数を使えば μ の検定が可能となる。よって、この検定を t 検定（t-test）と呼んでいる。Student's t-test と呼ぶこともある。

演習 7-2　ある合金 10 [g] を鉄 1 [kg] に添加すると、その強度が平均として 10 [kg/mm^2] だけ上昇することが過去のデータで知られている。ところが、同じ操作を 4 回行ったところ、強度の上昇が

6, 7, 7, 8 [kg/mm^2]

という結果が得られた。この添加した合金は、いつも使っている合金と同じものと考えてよいのであろうか。5%有意水準で検定せよ。

解）　ふたたび、つぎのような仮説を立てる

H_0 : この合金添加による強度上昇は 10 [kg/mm^2] である（$\mu = 10$）

H_1 : この合金添加による強度上昇は 10 [kg/mm^2] ではない（$\mu \neq 10$）

そのうえで両側検定を行ってみよう。ここで、標本データの平均および分散は

$$\bar{x} = 7 \qquad S_x{}^2 = 0.5$$

となる。つぎに

$$t = \sqrt{n-1}\,\frac{\bar{x} - \mu}{S_x} = \sqrt{4-1}\,\frac{7-\mu}{\sqrt{0.5}} = \frac{7-\mu}{0.408}$$

と変換すると、この変数は自由度 3 の t 分布に従う。

両側検定で有意水準が 5%ということは、片すその面積は 0.025 である。ここで、自由度 3 で、累積確率が 0.025 ならびに 0.975 になる点 t の値は EXCEL の T.INV 関数を使うと

T.INV (0.025, 3) = −3.182　　　T.INV (0.975, 3) = 3.182

と与えられる。したがって、95%の信頼区間は

$$-3.182 \leq t \leq 3.182$$

となる。$t = \dfrac{7-\mu}{0.408}$ であるから

$$-3.182 \leq \frac{7-\mu}{0.408} \leq 3.182$$

から、母平均の 95%信頼区間は

$$5.70 \leq \mu \leq 8.30$$

と与えられる。

よって、$\mu=10$ は採択域には入っていない。つまり、帰無仮説は棄却され、本実験で添加した合金は、いつも使っている合金とは組成がちがうものであると結論することができる。

このように、工場などで異変を感じた場合には、勘を頼りに結論を出すのではなく、統計的に検証することが重要である。その際、どこに有意水準を置くかは、経済面も含めた判断が必要になる。

7.4. χ^2 検定 — 母分散の検定

標本から得られた分散の値を利用することで、母分散の検定を行う作業を**χ^2 検定** (chi squared test) と呼んでいる。実際に、この検定を具体例で考えてみよう。

ある工場の製品検査で、目標重量が 25 [kg] の製品の重量にバラツキが大きいことがわかったので、製造装置を点検に出した。点検後、5 個の標本を無作為に抽出し、その重量測定をしたところ

24, 26, 27, 22, 26 [kg]

という測定結果が得られた。修理前の製品の分散は 9 [kg^2] であった。この修理によって製造装置の性能が安定したかどうか、90%の信頼係数で検定したい[21]。

この場合の帰無仮説と対立仮説は

---

[21] 通常の統計解析では、95%あるいは 99%の信頼係数、つまり 5%と 1%の有意水準が適用されるが、ここでは、演習の一環として 90%を採用している。

H_0: 修理後の分散は 9 [kg²] である ($\sigma^2 = 9$)

H_1: 修理後の分散は 9 [kg²] ではない ($\sigma^2 \neq 9$)

となる。

ここで、χ^2 は、標本数を n、標本分散を $V_x = S_x{}^2$、母分散をσ^2とすると

$$\chi^2 = \frac{nS_x{}^2}{\sigma^2} = \frac{(x_1 - \bar{x})^2 + (x_2 - \bar{x})^2 + ... + (x_n - \bar{x})^2}{\sigma^2}$$

という和であり、この和は自由度 $n-1$ の χ^2 分布に従う。ここで標本平均と標本分散は

$$\bar{x} = \frac{24 + 26 + 27 + 22 + 26}{5} = 25$$

$$S_x{}^2 = \frac{(24-25)^2 + (26-25)^2 + (27-25)^2 + (22-25)^2 + (26-25)^2}{5} = 3.2$$

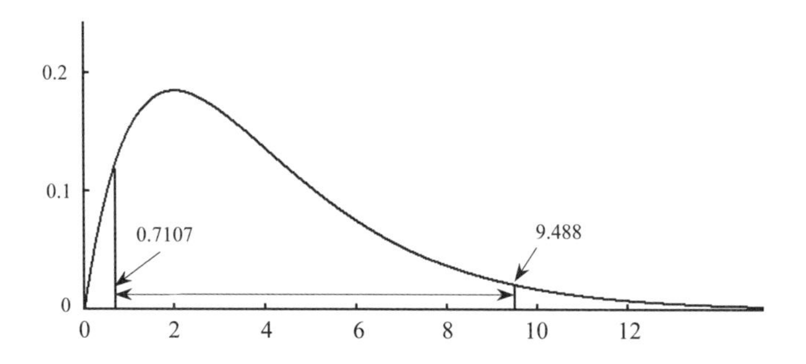

図 7-3　自由度が 4 のχ^2分布の 90%信頼区間

ここで

$$\chi^2 = \frac{nS_x{}^2}{\sigma^2} = \frac{5 \times 3.2}{\sigma^2} = \frac{16}{\sigma^2}$$

となるが、自由度 4 の χ^2 分布で累積確率が 0.05 と 0.95 となる値は、Microsoft EXCEL の CHISQ.INV 関数を使うと

CHISQ.INV (0.05,4) = 0.7107

CHISQ.INV (0.95,4) = 9.488

と与えられる。

したがって、90%の信頼区間は

$$0.7107 \leq \chi^2 \leq 9.488$$

となるが、$\chi^2 = \dfrac{16}{\sigma^2}$ であるから

$$0.7107 \leq \frac{16}{\sigma^2} \leq 9.488$$

となり、母分散の 90%の信頼区間、つまり採択域は

$$1.7 \leq \sigma^2 \leq 22.5$$

となる。

よって、母分散の $\sigma^2 = 9$ は採択域に入っており、棄却域にはないので、帰無仮説を棄却することはできない。

つまり、点検によって装置の性能がよくなったという結論を出せないのである。

演習 7-3 ある会社の職員組合が社員の給料調査を行った。会社が組合との話し合いで、社員の給与格差を 10 万円以内に抑えると約束していたからだ。社員 10 人の給与を標本として無作為に抽出したところ、次のような結果が得られた。

12, 10, 25, 28, 15, 10, 30, 40, 50, 40 [万円]

給与の標準偏差が 10 万円かどうかを 10%有意水準で検定せよ。

解) この場合の仮説は

H_0: 給与の標準偏差は 10 万円以内である ($\sigma \leq 10$)

H_1: 給与の標準偏差は 10 万円を超える ($\sigma > 10$)

となる。

有為水準 10%であるから、母標準偏差 σ の 90%信頼区間を調べる。

標本平均と標本分散は

$$\bar{x} = \frac{12+10+25+28+15+10+30+40+50+40}{10} = 26$$

$$S_x{}^2 = \frac{14^2+16^2+1^2+2^2+11^2+16^2+4^2+14^2+24^2+14^2}{10} = 181.8$$

となり、母分散をσ^2とすると、χ^2は

$$\chi^2 = \frac{nS_x{}^2}{\sigma^2} = \frac{10\times 181.8}{\sigma^2} = \frac{1818}{\sigma^2}$$

となる。ここでは、σが 10 のときのχ^2の値を求めてみよう。すると

$$\chi^2 = \frac{1818}{100} = 18.18$$

となる。その上で、この値が、自由度 9 のχ^2分布において、どの位置にあるかを考える。Microsoft EXCEL を使うと、このχ^2に対応した累積確率は

CHISQ.DIST (χ^2の値, 自由度, TRUE)

によって与えられる。

数値を入力すると

CHISQ.DIST (18.18, 9, TRUE) = 0.9669

となる。

10%有意水準の境界は、0.95 であるから、$\sigma=10$ は棄却域に入っている。つまり、帰無仮説を棄却できることになる。

ちなみに、自由度が 9 のχ^2分布の確率密度関数に対応したグラフは図 7-4 のようになる。累積確率は 0 からχ^2 までの積分によって与えられる。

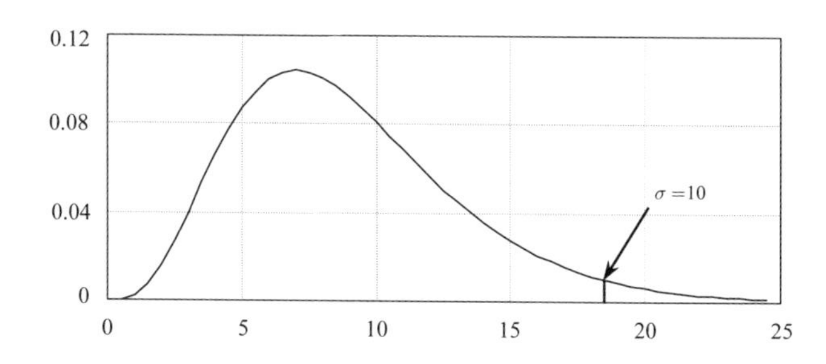

図 7-4　自由度が 9 のχ^2分布 : $\sigma=10$ は累積確率が 0.9669 の位置にある。

$\sigma=10$ に対応したχ^2は、18.18 で図の位置となる。この点までの累積確率は 0.9669 となり、10%水準の 0.95 の外側、つまり、棄却域に位置する。

よって、この検定結果からは、給与格差が 10 万円を超えていると結論できるので、組合は会社側に改善を申し入れることができる。

ただし、有意水準を 5%に上げると、境界は 0.975 となり、帰無仮設は棄却域には入らない。よって、この場合は給与格差が 10 万円を超えているとは言えないことになる。このように、統計検定においては、有意水準を変えると、結論が異なる場合があることに注意が必要である。

7. 5. *F* 検定 ― 分散の比の検定

標本分散の比を利用することで、母分散の比の検定を行うこともできる。*F* 分布を利用して母分散の比の検定を行う作業を *F* **検定** (*F* test) と呼んでいる。実は、回帰分析においては、この *F* 検定が重要となる。それでは、実際に、具体例で *F* 検定を見てみよう。

いま、ある製麺工場に A と B の 2 つの製造ラインがあったとする。ラーメン 1 袋の目標重量は 100 [g] であるが、どうもライン B のバラツキが大きいのではないかと従業員から申し出があった。そこで、2 つのラインから製品の抜き取り検査をして、重量の測定を行ってみた。ただし、納期の関係で、ライン A からは標本として 10 個抽出できたが、ライン B からは 5 個しか取り出すことができなかった。信頼係数 95%で、これら 2 つのラインに差があるかどうかを検証することを考える。ここで、それぞれのラインの標本データは

A : 102, 98, 96, 103, 104, 97, 99, 101, 98, 102 [g]

B : 96, 103, 97, 104, 102 [g]

であった。まず標本データの平均と分散を計算してみよう。

$$\bar{x}_{\mathrm{A}} = \frac{102+98+96+103+104+97+99+101+98+102}{10} = 100$$

$${S_{\mathrm{A}}}^2 = \frac{2^2+2^2+4^2+3^2+4^2+3^2+1^2+1^2+2^2+2^2}{10} = 6.8$$

$$\bar{x}_B = \frac{96+103+97+104+102}{5} = 100.4$$

$$S_B{}^2 = \frac{4.4^2+2.6^2+3.4^2+3.6^2+1.6^2}{5} = 10.64$$

以上のデータをもとに、さっそく検定作業を進めてみよう。

演習 7-4　次の帰無仮説と対立仮説

H_0: ライン A とライン B の製品の分散は等しい

H_1: ライン A とライン B の製品の分散は異なる

を 10%の有意水準で検定せよ。

解）　これら仮説を記号で表記すると

$$H_0: \quad \sigma_A{}^2 = \sigma_B{}^2 \qquad\qquad H_1: \quad \sigma_A{}^2 \neq \sigma_B{}^2$$

となる。ここで、F 分布は

$$\chi^2 = \frac{nS^2}{\sigma^2}$$

の関係を使うと

$$F = \frac{\chi_A{}^2}{\phi_A} \Bigg/ \frac{\chi_B{}^2}{\phi_B}$$

と与えられる。ここで、ϕ_A および ϕ_B は自由度である。つぎに

$$\chi_A{}^2 = \frac{n\,S_A{}^2}{\sigma_A{}^2} = \frac{10\times 6.8}{\sigma_A{}^2} = \frac{68}{\sigma_A{}^2} \qquad \chi_B{}^2 = \frac{nS_B{}^2}{\sigma_B{}^2} = \frac{5\times 10.64}{\sigma_B{}^2} = \frac{53.2}{\sigma_B{}^2}$$

であるから、F は

$$F = \frac{\chi_A{}^2/\phi_A}{\chi_B{}^2/\phi_B} = \frac{68/9\sigma_A{}^2}{53.2/4\sigma_B{}^2} = \frac{68}{9}\times\frac{4}{53.2}\times\frac{\sigma_B{}^2}{\sigma_A{}^2} = 0.57\,\frac{\sigma_B{}^2}{\sigma_A{}^2}$$

ここで、有意水準 10%であるから、信頼区間は 90%の範囲を考えると、自由度 (9,4) で累積確率が 0.05 と 0.95 に相当する点を求めればよい。これは、Microsoft EXCEL の F.INV 関数で求めることができ

$$\text{F.INV}\,(0.05,9,4) = 0.275$$

$$\text{F.INV}\,(0.95,9,4) = 5.999$$

と与えられる。したがって90%信頼区間は

$$0.275 \le F \le 5.999$$

となる。$F = 0.57\dfrac{{\sigma_B}^2}{{\sigma_A}^2}$ であるので

$$0.275 \le 0.57\frac{{\sigma_B}^2}{{\sigma_A}^2} \le 5.999$$

から、母分散の比の90%信頼区間、つまり採択域は

$$0.482 \le \frac{{\sigma_B}^2}{{\sigma_A}^2} \le 10.52$$

となる。

したがって、帰無仮説の ${\sigma_A}^2 = {\sigma_B}^2$ 、つまり ${\sigma_B}^2 / {\sigma_A}^2 = 1$ は採択域にあり棄却域に入っていない。

よって、帰無仮説は棄却されず、今回の標本データからは、10%の有意水準では、この工場のラインBの製品のバラツキがラインAより大きいということは言えないことになる。

以上のように、少し違和感があるかもしれないが、統計的検定では、帰無仮説を棄却できるかどうかという判断がメインになる。そして、検定には、標本データから母平均を検定する t 検定と、母分散を検定する χ^2 検定、そして、母分散の比を検定する F 検定がある。

これら検定は、すでに確立されており、Microsoft EXCELの組込関数を利用すれば、それぞれの条件に応じて、棄却域と採択域の境界を与える t, χ^2, F の値を求めることができる。この結果、統計検定が可能となるのである。

第 8 章　回帰分析の検定

本章では、第 6 章および第 7 章で学んだ統計の基礎および統計検定手法を活用して、いよいよ回帰分析の統計的な検証を行ってみる。具体的には、データをもとに得られた回帰式の回帰係数 a と定数項 b が、どの程度、信頼が置けるかを考察する。また、これら母数の信頼区間を与える方法についても紹介する。

8. 1.　回帰分析の誤差

まず、統計解析をする下準備として、回帰分析の対象となっている 2 変数の独立変数 x も従属変数 y も、ある**正規母集団** (normal population) に属しているものと仮定する。

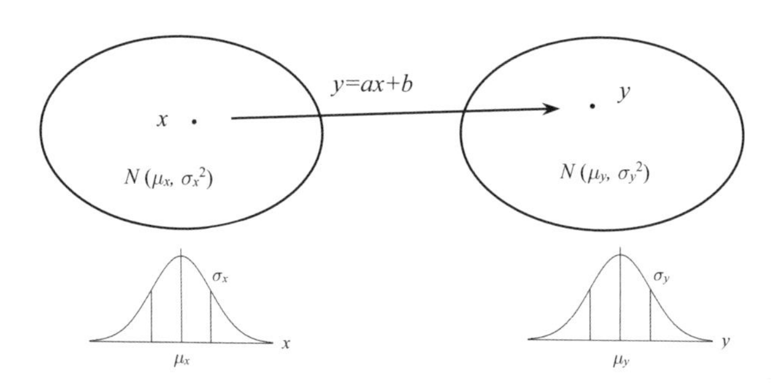

図 8-1　独立変数 x も従属変数 y も正規母集団に属している。

回帰分析においては、正規分布に従う母集団から n 個の標本 (x_i, y_i) を取り出して、誤差の平方和が最小になるように決定したのが回帰式と考える。いまの議論を統計処理につなげるために、次のような式を考える（図 8-2 参照）。

$$y_i = ax_i + b + e_i$$

ここで e_i は誤差に相当する。また、a および b は回帰係数および定数項である。

さらに

$$\hat{y}_i = ax_i + b$$

と置くと、この値は x_i がわかれば、回帰直線から自動的に得られる値である。あるいは、x_i に対応した回帰直線上の点に相当する。これら 2 式より

$$y_i - \hat{y}_i = e_i$$

という関係にあることもわかる。

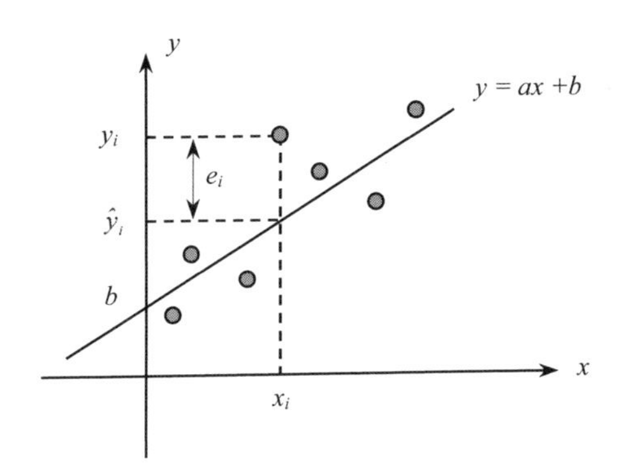

図 8-2 回帰直線と誤差

統計的には、誤差 e_i は平均が 0、つまり

$$\overline{e} = \frac{1}{n}\sum_{i=1}^{n} e_i = 0$$

となる正規母集団の成分と考えられる。最小 2 乗法とは、この分散

$$V[e_i] = V_e = \frac{1}{n}\sum_{i=1}^{n} (e_i - \overline{e})^2 = \frac{1}{n}\sum_{i=1}^{n} e_i^2$$

を最小にする作業である。

いま、e_i の母集団の分散を σ_e^2 とすると

$$e_i \sim N(0, \sigma_e^2)$$

と表記できる。この表記「～」は、誤差 e_i が $N(0, \sigma_e^2)$ という正規母集団に属していることを意味している。

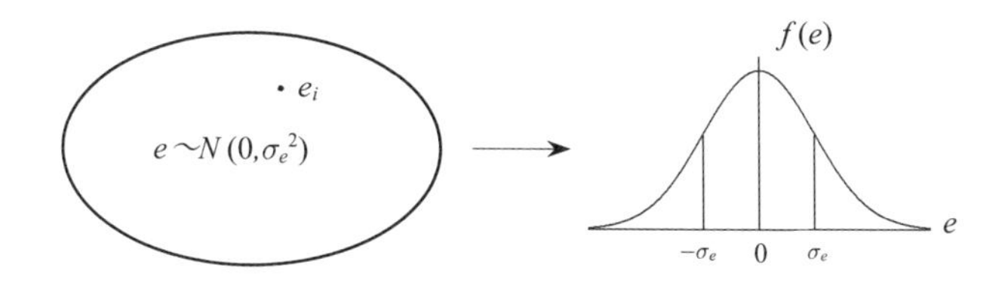

図 8-3　誤差 e は、平均が 0 で標準偏差が σ_e という正規母集団に属している。

ここで、$y_i (= ax_i + b + e_i)$ の分布を考えてみよう。このとき、統計分布という観点で考えると、$ax_i + b$ は固定されたものと考えられる。なぜなら、x_i が決まれば自動的に決まる値（最小 2 乗法で決定される直線上の点）であり、あくまでも y_i の分布は e_i の分布のみで決定されるからである。

よって、y_i の分散は e_i の分散と同じ値、つまり σ_e^2 となるはずである。あえて書けば

$$y_i \sim N(a\bar{x} + b, \sigma_e^2)$$

のように、y_i は平均が $\bar{y} = a\bar{x} + b$ で、分散が σ_e^2 の正規分布に属するとみなすことができる。このような前提をもとに、回帰係数と定数項の統計的な解析を行ってみよう。

8. 2.　回帰係数の不偏推定値

回帰式に x_i を代入した値と変数 y_i の誤差の 2 乗和

$$\sum_{i=1}^{n} e_i^2 = \sum_{i=1}^{n} (y_i - ax_i - b)^2$$

が最小となるようにして求めた回帰係数 a の表式は

$$a = \frac{\sum_{i=1}^{n} (x_i - \bar{x})(y_i - \bar{y})}{\sum_{i=1}^{n} (x_i - \bar{x})^2}$$

であった。ここで、共分散と分散を使うと

$$S_{xy} = \frac{1}{n}\sum_{i=1}^{n}(x_i - \overline{x})(y_i - \overline{y}) \qquad S_{xx} = \frac{1}{n}\sum_{i=1}^{n}(x_i - \overline{x})^2 = S_x{}^2$$

であったので

$$a = \frac{S_{xy}}{S_{xx}} = \frac{S_{xy}}{S_x{}^2}$$

となる。ただし、S_xは標準偏差である。

この式を見ればわかるように、aは統計量であり、どのような標本データを選ぶかで、当然真の値（母数: α）よりも大きくなったり小さくなったりするが、誤差の分布と一緒であるから、母数α を平均とした正規分布に従うと考えられる。

ここで、回帰係数 a の分子は

$$\sum_{i=1}^{n}(x_i - \overline{x})(y_i - \overline{y}) = \sum_{i=1}^{n}(x_i - \overline{x})y_i - \overline{y}\sum_{i=1}^{n}(x_i - \overline{x})$$

と変形できる。y の平均は定数であるので和の外に出すことができる。

$$\sum_{i=1}^{n}(x_i - \overline{x}) = 0$$

のように偏差の和は 0 である。よって

$$\sum_{i=1}^{n}(x_i - \overline{x})(y_i - \overline{y}) = \sum_{i=1}^{n}(x_i - \overline{x})y_i$$

となる。したがって、回帰係数は

$$a = \frac{\sum_{i=1}^{n}(x_i - \overline{x})y_i}{nS_x{}^2}$$

と変形できる。ここで

$$\gamma_i = \frac{x_i - \overline{x}}{nS_x{}^2}$$

と置くと、回帰係数は

$$a = \sum_{i=1}^{n}\gamma_i y_i$$

となり、回帰係数 a が従属変数 y_i の線形結合で与えられることを示している。

$$a = \gamma_1 y_1 + \gamma_2 y_2 + ... + \gamma_n y_n$$

よって、γ_i は y_i が回帰係数 a の決定に、どの程度の**重み** (weight) を持っているかの指標となる。

演習 8-1　平均値に対応した γ_i を計算せよ。

解）　平均値 $\bar{y}$ では

$$\gamma_i = \frac{x_i - \bar{x}}{n S_x^{\ 2}} = \frac{\bar{x} - \bar{x}}{n S_x^{\ 2}} = 0$$

となる。

つまり、回帰係数 a の決定に対して、平均値の重みは 0 となる。これは、平均値は、a の決定にはまったく寄与しないことを意味している。

つぎに回帰係数が y_i の線形結合で表現できるという事実をもとに、その期待値（すなわち不偏推定値）を求めてみよう。すると

$$E[a] = \gamma_1 E[y_1] + \gamma_2 E[y_2] + ... + \gamma_n E[y_n]$$

となる。

ここで y_i の期待値は母集団の回帰係数を α 、定数項を β とする[22]と

$$E[y_i] = \alpha x_i + \beta$$

となるから

$$E[a] = \sum_{i=1}^{n} \gamma_i E[y_i] = \sum_{i=1}^{n} \gamma_i (\alpha x_i + \beta) = \alpha \sum_{i=1}^{n} \gamma_i x_i + \beta \sum_{i=1}^{n} \gamma_i$$

演習 8-2　$\sum_{i=1}^{n} \gamma_i = 0$　となることを確かめよ。

---

[22] 本来、x も y も正規母集団に属している。a, b は母集団の中から標本として取り出した限られたデータに基づいて決定した係数と定数項である。よって、母集団が有する本来の係数と定数項が α と β ということになる。ここでは、まだ、$\alpha = a, \beta = b$ は保証されていない。

解）

$$\sum_{i=1}^{n} \gamma_i = \sum_{i=1}^{n} \frac{x_i - \bar{x}}{n S_x{}^2} = \frac{1}{n S_x{}^2} \sum_{i=1}^{n} (x_i - \bar{x})$$

と変形できる。ここで

$$\sum_{i=1}^{n} (x_i - \bar{x}) = 0$$

であるから

$$\sum_{i=1}^{n} \gamma_i = 0$$

となる。

よって、a の期待値は

$$E[a] = \alpha \sum_{i=1}^{n} \gamma_i x_i$$

と与えられる。

演習 8-3 以下の関係を利用して、$E[a] = \alpha$ となることを確かめよ。

$$\gamma_i = \frac{x_i - \bar{x}}{n S_x{}^2}$$

解） $E[a] = \alpha \sum_{i=1}^{n} \gamma_i x_i$ に $\gamma_i = \frac{x_i - \bar{x}}{n S_x{}^2}$ を代入すると

$$E[a] = \frac{\alpha}{n S_x{}^2} \sum_{i=1}^{n} (x_i - \bar{x}) x_i$$

となる。ここで右辺の和は

$$\sum_{i=1}^{n} (x_i - \bar{x}) x_i = \sum_{i=1}^{n} (x_i - \bar{x})(x_i - \bar{x}) + \bar{x} \sum_{i=1}^{n} (x_i - \bar{x})$$

となるが、最後の項は偏差の和に平均を乗じたものであるからゼロとなり、結局

$$\sum_{i=1}^{n}(x_i-\bar{x})x_i=\sum_{i=1}^{n}(x_i-\bar{x})^2=nS_x{}^2$$

となる。したがって

$$E[a]=\frac{\alpha}{nS_x{}^2}\sum_{i=1}^{n}(x_i-\bar{x})x_i=\frac{\alpha}{nS_x{}^2}nS_x{}^2=\alpha$$

となる。

これは、回帰分析によって標本データから求めた回帰係数 a の期待値は、母集団の係数 α と一致することを示している。よって、a は母集団の回帰係数の不偏推定値となる。

したがって、統計検定においては a を母平均 α の不偏推定値とみなすことができるのである。

8. 3.　定数項の不偏推定値

つぎに定数項 b の不偏推定値を求めてみよう。

正規方程式のひとつである

$$\bar{y}=a\bar{x}+b$$

を利用する。これは

$$b=\bar{y}-a\bar{x}$$

と変形できるが、この式からわかるように $\bar{y}$ と $\bar{x}$ は定数であり、a が正規分布することから b も正規分布することがわかる。

この定数項 b の期待値を求めると

$$E[b]=E[\bar{y}-a\bar{x}]=E[\bar{y}]-E[a\bar{x}]$$

となる。

演習 8-4　期待値 $E[\bar{y}]$ ならびに $E[a\bar{x}]$ を求めたうえで、定数項 b の期待値 $E[b]$ を求めよ。

解)　$\bar{y}$ の期待値は母集団の係数 α と定数項 β を使って

$$E[\bar{y}]=\bar{y}=\alpha\bar{x}+\beta$$

となる。

回帰係数 a の期待値は、その母数 α であるので

$$E[a\bar{x}]=E[a]\,E[\bar{x}]=\alpha\bar{x}$$

となる。したがって

$$E[b]=E[\bar{y}]-E[a\bar{x}]=\alpha\bar{x}+\beta-\alpha\bar{x}=\beta$$

となる。

このように、回帰分析で求めた定数項 b も母数の不偏推定値となることがわかる。結局、回帰係数も定数項も母数の不偏推定値となることが統計的に保証されたことになる。

8. 4. 回帰係数および定数項の検定

前項で示したように、回帰分析で求めた回帰係数も定数項も、正規母集団の母数の不偏推定値であることが確認できた。よって、われわれは、回帰式を安心して使ってよいということになる。

しかし、そうは言っても、回帰式は限られた数の**標本** (sample) から得られたものであるから、統計的には、回帰係数がどの程度信頼の置けるものかどうかを検証する必要がある。

正規母集団から標本データを取り出して、標本平均から母平均を推定するには、すでに紹介したように t **分布** (t distribution) を利用する。そこで、まず、この手法について簡単に復習してみよう。まず、母平均の推定を行う場合、もし母標準偏差 σ がわかっていれば、標本平均 $\bar{x}$ から簡単に母平均 μ の区間推定をすることができる。

母標準偏差が σ の正規母集団から n 個の標本を抽出し、その平均を $\bar{x}$ とすると、この平均値は母平均 μ のまわりに標準偏差 $\sigma/\sqrt{n}$ で分布すると言える。つまり、$\bar{x}$ の分布は

$$N\left(\mu, \frac{\sigma^2}{n}\right)$$

という正規分布に従うことになる。よって

$$z = \frac{\bar{x} - \mu}{\sigma/\sqrt{n}} = \sqrt{n}\,\frac{\bar{x} - \mu}{\sigma}$$

という変数変換を行えば、変数 z が

$$N(0, 1^2)$$

の標準正規分布に従うから、母平均の区間推定を正規分布表を使って行うことができる。

8. 4. 1.　t 分布による解析

一般の統計解析においては、確率変数 x の母標準偏差 σ がわからないのが普通である。そこで、標本分散を補正して

$$\hat{\sigma}^2 = \frac{n}{n-1} S_x{}^2$$

とすれば、母分散の不偏推定値 ($\hat{\sigma}^2$) として使える。そのうえで

$$t = \sqrt{n}\,\frac{\bar{x} - \mu}{\hat{\sigma}}$$

の $\hat{\sigma}$ のかわりに、標本データから得られる S_x を使い

$$\hat{\sigma} = \sqrt{\frac{n}{n-1}}\, S_x$$

を上式に代入すれば

$$t = \sqrt{n}\frac{\bar{x} - \mu}{\sqrt{\dfrac{n}{n-1}} S_x} = \sqrt{n-1}\,\frac{\bar{x} - \mu}{S_x}$$

となる。

このとき、変数 t は、自由度 $\phi = n-1$ の t 分布に従う。後は、t 分布表を参照すれば区間推定が可能となる。この手法を回帰係数および定数項に適用すれば検定が可能となる。

ここでは、回帰係数 a と、定数項 b から、これらの母数である α および β を区間推定する手法を考える。このとき、t 分布に従う変数として

$$t_a = \sqrt{n-1}\,\frac{a-\alpha}{S_a} \quad \text{および} \quad t_b = \sqrt{n-1}\,\frac{b-\beta}{S_b}$$

を使えばよいことになる。

ただし、新たな課題がある。それは、回帰係数ならびに定数項の、標準偏差の S_a と S_b（あるいは、分散 $V_a = S_a^2, V_b = S_b^2$）の不偏推定値をいかに求めるかである。

8. 4. 2.　回帰係数 a の分散

まず、回帰係数 a の分散 ($V_a = S_a^2$) を求めてみよう。前節で求めたように回帰係数は

$$a = \sum_{i=1}^{n} \gamma_i\, y_i$$

という和で与えられる。ただし

$$\gamma_i = \frac{x_i - \bar{x}}{n S_x^{\ 2}}$$

である。

ここで a の分散は

$$V[a] = V\left[\sum_{i=1}^{n} \gamma_i\, y_i\right] = V[\gamma_1\, y_1] + V[\gamma_2\, y_2] + \ldots + V[\gamma_n\, y_n]$$

となるが、γ_i は係数であるから

$$V[\gamma_i y_i] = \gamma_i^{\ 2}\, V[\,y_i\,]$$

となり

$$V[a] = \gamma_1^{\ 2}\, V[\,y_1] + \gamma_2^{\ 2}\, V[\,y_2] + \ldots + \gamma_n^{\ 2}\, V[\,y_{\mathrm{n}}]$$

ここで、y_i の分散は、誤差の分散 V_e に等しいので

$$V[\,y_i] = V_e$$

から

$$V[a] = V_a = (\gamma_1^{\ 2} + \gamma_2^{\ 2} + \ldots + \gamma_n^{\ 2})V_e = V_e \sum_{i=1}^{n} \gamma_i^{\ 2}$$

となる。

演習 8-5　$\displaystyle\sum_{i=1}^{n}\gamma_i^{\ 2} = \frac{1}{nS_x^{\ 2}}$　となることを確かめよ。

解）

$$\sum_{i=1}^{n}\gamma_i^{\ 2} = \sum_{i=1}^{n}\left\{\frac{(x_i - \overline{x})}{nS_x^{\ 2}}\right\}^2$$

であるが

$$\sum_{i=1}^{n}\left\{\frac{(x_i - \overline{x})}{nS_x^{\ 2}}\right\}^2 = \frac{\sum_{i=1}^{n}(x_i - \overline{x})^2}{n^2 S_x^{\ 4}} = \frac{nS_x^{\ 2}}{n^2 S_x^{\ 4}} = \frac{1}{nS_x^{\ 2}}$$

から

$$\sum_{i=1}^{n}\gamma_i^{\ 2} = \frac{1}{nS_x^{\ 2}}$$

となる。

したがって

$$V_a = V_e\sum_{i=1}^{n}\gamma_i^{\ 2} = \frac{V_e}{nS_x^{\ 2}}$$

あるいは分母を偏差平方和のかたちで書くと、回帰係数 a の分散は

$$V_a = \frac{V_e}{\sum_{i=1}^{n}(x_i - \overline{x})^2}$$

と与えられる。

8. 4. 3.　定数項の分散

それでは、つぎに定数項 b の分散を求めてみよう。このためには、定数項の分散を計算する必要があり、少し工夫を要する。

まず、$\overline{y}$ と a の共分散の

$$Cov\,[\overline{y}, a]$$

を計算してみよう。それぞれの成分で書くと

$$\bar{y} = \frac{1}{n}\sum_{i=1}^{n} y_i \qquad a = \sum_{i=1}^{n} \gamma_i y_i$$

であるから $Cov[\bar{y}, a]$ は

$$Cov[\bar{y}, a] = Cov\left[\frac{1}{n}\sum_{i=1}^{n} y_i, \sum_{j=1}^{n} \gamma_j y_j\right]$$

となる。ここで、5 章で紹介した

$$Cov[y_i, y_j] = \begin{cases} V[y_i] & (i = j) \\ 0 & (i \neq j) \end{cases}$$

という性質から

$$Cov\left[\frac{1}{n}\sum_{i=1}^{n} y_i, \sum_{j=1}^{n} \gamma_j y_j\right] = \frac{1}{n} Cov\left[\sum_{i=1}^{n} y_i, \sum_{i \neq j}^{n} \gamma_j y_j\right] + \frac{1}{n}\sum_{i=1}^{n} \gamma_i y_i^2$$

となるが、第 1 項の共分散は 0 となる。したがって

$$Cov[\bar{y}, a] = \frac{1}{n}\sum_{i=1}^{n} \gamma_i y_i^2 = V_e \sum_{i=1}^{n} \gamma_i = 0$$

となる。

この結果は、あえて計算するまでもなく、回帰係数と y の平均値に相関はないから、0 になるのは当然ではある。

この結果を踏まえて定数項 b の分散を求めてみよう。まず b の分散は、2 変数の平均および回帰係数 a を使うと

$$V_b = V[b] = V[\bar{y} - a\bar{x}]$$

となる。ここで、2 変数の差の分散に関しては

$$V[u + w] = V[u] + 2Cov[u, w] + V[w]$$

という関係がある。

演習 8-6 $V[\bar{y} - a\bar{x}]$ を $\bar{y}$ と a の分散で表現せよ。

解）

$$V[\bar{y} - a\bar{x}] = V[\bar{y}] - 2Cov[\bar{y}, a\bar{x}] + V[a\bar{x}]$$

ここで $\bar{x}$ は定数であるから

$$V[a\bar{x}] = \bar{x}^2 V[a]$$

となるので

$$V[\bar{y} - a\bar{x}] = V[\bar{y}] - 2\bar{x}\,Cov[\bar{y}, a] + \bar{x}^2 V[a]$$

すでに確認したように

$$Cov[\bar{y}, a] = 0$$

であったから

$$V[\bar{y} - a\bar{x}] = V[\bar{y}] + \bar{x}^2 V[a]$$

となる。

したがって、定数項 b の分散は

$$V_b = V[\bar{y}] + \bar{x}^2 V_a$$

と与えられる。ここで

$$V[\bar{y}] = V\left[\frac{1}{n}\sum_{i=1}^{n} y_i\right] = \frac{1}{n^2}V\left[\sum_{i=1}^{n} y_i\right] = \frac{1}{n^2}\{V[y_1] + V[y_2] + \ldots + V[y_n]\}$$

となるが、y_i の分散は、誤差の分散 V_e に等しいから

$$V[\bar{y}] = \frac{1}{n^2}\{V[y_1] + V[y_2] + \ldots + V[y_n]\} = \frac{1}{n^2}\{nV_e\} = \frac{V_e}{n}$$

となる。したがって

$$V_b = \frac{V_e}{n} + \bar{x}^2 V_a$$

となるが $V_a = \dfrac{V_e}{\sum_{i=1}^{n}(x_i - \bar{x})^2}$ を代入すると

$$V_b = \frac{V_e}{n} + \frac{\bar{x}^2}{\sum_{i=1}^{n}(x_i - \bar{x})^2} V_e$$

となる。よって、b の分散は

$$V_b = \left\{ \frac{1}{n} + \frac{\bar{x}^2}{\sum_{i=1}^{n}(x_i - \bar{x})^2} \right\} V_e$$

と与えられる。

演習 8-7　上式において{ } 内の式を整理してまとめよ。

解）

$$\frac{1}{n} + \frac{\bar{x}^2}{\sum_{i=1}^{n}(x_i - \bar{x})^2} = \frac{\sum_{i=1}^{n}(x_i - \bar{x})^2 + n\bar{x}^2}{n\sum_{i=1}^{n}(x_i - \bar{x})^2}$$

ここで

$$\sum_{i=1}^{n}(x_i - \bar{x})^2 = \sum_{i=1}^{n} {x_i}^2 - n\,\bar{x}^2$$

であったので

$$\frac{1}{n} + \frac{\bar{x}^2}{\sum_{i=1}^{n}(x_i - \bar{x})^2} = \frac{\sum_{i=1}^{n} {x_i}^2}{\sum_{i=1}^{n}(x_i - \bar{x})^2}$$

となる。

したがって、定数項 b の分散は

$$V_b = V_e \frac{\sum_{i=1}^{n} {x_i}^2}{\sum_{i=1}^{n}(x_i - \bar{x})^2}$$

となる。

さて、これで回帰係数の分散と定数項の分散を求めることができたので、さっそく、その検定作業に移ってみよう。

8. 5.　検定の手順

まず、正規母集団に属する標本データ x, y をもとに、回帰式

$$y = ax + b$$

を導出する。しかし、回帰係数 a と定数項 b の値は、限られた数の標本データから求めたものであり、実際には、これらの母数である α, β をある信頼係数で推定する必要がある。

このためには、標本数に応じた t 分布を利用する。このとき

$$t_a = \sqrt{n-1}\,\frac{a-\alpha}{S_a} \quad \text{および} \quad t_b = \sqrt{n-1}\,\frac{b-\beta}{S_b}$$

という変数変換を行うと、t_a および t_b は t 分布に従う。

ただし、ここで登場する S_a と S_b は、あくまでも標本データから得られた標準偏差であり、不偏推定値ではない。そこで、不偏推定値として、利用できる V_a および V_b を求めると

$$V_a = \left(\frac{1}{\sum_{i=1}^{n} (x_i - \bar{x})^2} \right) V_e \quad \text{および} \quad V_b = \left(\frac{\sum_{i=1}^{n} x_i^2}{\sum_{i=1}^{n} (x_i - \bar{x})^2} \right) V_e$$

となる。よって、$S_a = \sqrt{V_a}$ ならびに $S_b = \sqrt{V_b}$ の値を、t_a ならびに t_b に代入して検定すればよいことになる。

ただし、ここでふたたび問題がある。実は、誤差の分散である V_e は、これも標本データであり、不偏推定値として使えないのである。実は、これに対する補正はわかっており

$$\hat{V}_e = \frac{n}{n-2} V_e$$

とすればよい[23]。

したがって

$$\hat{V}_a = \left(\frac{1}{\sum_{i=1}^{n} (x_i - \bar{x})^2} \right) \frac{n}{n-2} V_e \quad \text{および} \quad \hat{V}_b = \left(\frac{\sum_{i=1}^{n} x_i^2}{\sum_{i=1}^{n} (x_i - \bar{x})^2} \right) \frac{n}{n-2} V_e$$

と補正したうえで

$$\hat{S}_a = \sqrt{\hat{V}_a} \qquad \text{ならびに} \qquad \hat{S}_b = \sqrt{\hat{V}_b}$$

の値を使えばよい。

演習 8-8　表 8-1 に示すような (x, y) の 2 次元データが与えられたとき、その回帰式を求め、回帰係数ならびに定数項の母数を 90%の信頼区間で求めよ。

表 8-1　2 次元データ

i	x_i	y_i
1	0	1.1
2	1	1.9
3	2	4.0

解)　回帰式を求めるためのデータを整理すると表 8-2 のようになる。

表 8-2　データの積和をまとめた表

x	y	xy	x^2
0	1.1	0	0
1	1.9	1.9	1
2	4.0	8.0	4
$\Sigma x = 3$	$\Sigma y = 7$	$\Sigma xy = 9.9$	$\Sigma x^2 = 5$

[23] この証明は、8. 6. 節で行う。

したがって、正規方程式に対応した行列は

$$\begin{pmatrix} \sum x^2 & \sum x \\ \sum x & \sum 1 \end{pmatrix} \begin{pmatrix} a \\ b \end{pmatrix} = \begin{pmatrix} \sum xy \\ \sum y \end{pmatrix} \qquad \begin{pmatrix} 5 & 3 \\ 3 & 3 \end{pmatrix} \begin{pmatrix} a \\ b \end{pmatrix} = \begin{pmatrix} 9.9 \\ 7 \end{pmatrix}$$

となり、a, b は

$$\begin{pmatrix} a \\ b \end{pmatrix} = \begin{pmatrix} 5 & 3 \\ 3 & 3 \end{pmatrix}^{-1} \begin{pmatrix} 9.9 \\ 7 \end{pmatrix} = \begin{pmatrix} 1.45 \\ 0.88 \end{pmatrix}$$

と与えられ、回帰式は

$$y = 1.45x + 0.88$$

となる。

ここで、母回帰係数の推定に必要な偏差や積和をまとめると、表 8-3 のようになる。

表 8-3

x_i	$x_i - \bar{x}$	$\hat{y}_i$	y_i	$y_i - \hat{y}_i$	$(y_i - \hat{y}_i)^2$	x_i^2
0	−1	0.88	1.1	0.23	0.053	0
1	0	2.33	1.9	−0.43	0.185	1
2	1	3.78	4.0	0.22	0.048	4

必要なデータは

$$\sum_{i=1}^{3} (x_i - \bar{x})^2 = 2 \qquad \sum_{i=1}^{3} x_i^2 = 5 \qquad \sum_{i}^{3} (y_i - \hat{y}_i)^2 = 0.286$$

となり

$$V_e = \frac{1}{3} \sum_{i}^{3} (y_i - \hat{y}_i)^2 = 0.095$$

であるから、回帰係数と定数項の不偏分散は

$$\hat{V}_a = \left(\frac{1}{\sum_{i=1}^{3} (x_i - \bar{x})^2} \right) \frac{3}{3-2} V_e = \frac{1}{2} \times 3 \times 0.095 = 0.1425$$

$$\hat{V}_b = \left(\frac{\sum_{i=1}^{3} x_i^{\,2}}{\sum_{i=1}^{3} (x_i - \bar{x})^2} \right) \frac{3}{3-2} V_e = \frac{5}{2} \times 3 \times 0.095 = 0.7125$$

と与えられる。よって、a と b の標準偏差は

$$\hat{S}_a = \sqrt{\hat{V}_a} = 0.377 \qquad \text{ならびに} \qquad \hat{S}_b = \sqrt{\hat{V}_b} = 0.844$$

となる。したがって、t 分布に従う変数は

$$t_a = \sqrt{n-1}\,\frac{a-\alpha}{\hat{S}_a} = \sqrt{2}\,\frac{1.45-\alpha}{0.377} = 3.75\,(1.45-\alpha)$$

$$t_b = \sqrt{n-1}\,\frac{b-\beta}{\hat{S}_b} = \sqrt{2}\,\frac{0.88-\beta}{0.844} = 1.68\,(0.88-\beta)$$

これら変数は、自由度 $\phi = 3-1 = 2$ の t 分布に従う。よって、その 90% 信頼区間は、累積確率が 0.05 と 0.95 の点となるから

$$\text{T.INV}\,(0.05, 2) = -2.92 \qquad \text{T.INV}\,(0.95, 2) = 2.92$$

より

$$-2.92 \le t \le 2.92$$

となる。

したがって、回帰係数と定数項の母数の 90%信頼区間は

$$-2.92 \le 3.75\,(1.45-\alpha) \le 2.92 \qquad -2.92 \le 1.68\,(0.88-\beta) \le 2.92$$

から

$$-0.78 \le 1.45-\alpha \le 0.78 \qquad -1.74 \le 0.88-\beta \le 1.74$$

$$0.67 \le \alpha \le 2.23 \qquad -0.86 \le \beta \le 2.62$$

となる。

標本データから求めた値が $a = 1.45, b = 0.88$ であるので、90%の信頼区間は、かなり幅がある。ただし、いまの場合はデータ数が 3 個と少ないので、この程度となる。標本数が増えれば、信頼区間の幅はもっと狭くできる。

演習 8-9　表 8-4 に示す体重 x [kg] と身長 y [cm] の $n=10$ のデータをもとに、回帰式 $y=ax+b$ を求めよ。そのうえで、回帰係数ならびに定数項の母数の 95% 信頼区間を求めよ。

表 8-4　体重 x [kg] と身長 y [cm] の 2 次元データ

x	45	55	50	50	55	40	60	50	60	35
y	150	165	155	170	155	145	175	160	165	140

解）　正規方程式に対応した行列は

$$\begin{pmatrix} \sum x^2 & \sum x \\ \sum x & \sum 1 \end{pmatrix}\begin{pmatrix} a \\ b \end{pmatrix}=\begin{pmatrix} \sum xy \\ \sum y \end{pmatrix}$$

であった。表 8-4 をもとに必要なデータをまとめると、表 8-5 のようになる。

表 8-5　正規方程式を求めるのに必要なデータ

x	45	55	50	50	55	40	60	50	60	35
y	150	165	155	170	155	145	175	160	165	140
xy	6750	9075	7750	8500	8525	5800	10500	8000	9900	4900
x^2	2025	3025	2500	2500	3025	1600	3600	2500	3600	1225

ここで、この表をもとに、必要なデータを計算していくと

$$\sum_{i=1}^{10} x_i = 500 \qquad \sum_{i=1}^{10} y_i = 1580 \qquad \sum_{i=1}^{10} x_i y_i = 79700 \qquad \sum_{i=1}^{10} x_i^{\,2} = 25600$$

となる。

したがって、正規方程式は

$$\begin{pmatrix} 25600 & 500 \\ 500 & 10 \end{pmatrix}\begin{pmatrix} a \\ b \end{pmatrix}=\begin{pmatrix} 79700 \\ 1580 \end{pmatrix} \qquad \begin{pmatrix} 2560 & 50 \\ 50 & 1 \end{pmatrix}\begin{pmatrix} a \\ b \end{pmatrix}=\begin{pmatrix} 7970 \\ 158 \end{pmatrix}$$

となる。よって

$$\begin{pmatrix} a \\ b \end{pmatrix} = \frac{1}{60}\begin{pmatrix} 1 & -50 \\ -50 & 2560 \end{pmatrix}\begin{pmatrix} 7970 \\ 158 \end{pmatrix} = \begin{pmatrix} 1.2 \\ 100 \end{pmatrix}$$

から、回帰式として

$$y = 1.2\,x + 100$$

が得られる。

ここで、母数の推定に必要な偏差などをまとめると表 8-6 のようになる。

表 8-6

x_i	$x_i - \overline{x}$	$(x_i - \overline{x})^2$	$\hat{y}_i$	y_i	$y_i - \hat{y}_i$	$(y_i - \hat{y}_i)^2$	x_i^2
45	−5	25	154	150	−4	16	2025
55	5	25	166	165	−1	1	3025
50	0	0	160	155	−5	25	2500
50	0	0	160	170	10	100	2500
55	5	25	166	155	−11	121	3025
40	−10	100	148	145	−3	9	1600
60	10	100	172	175	3	9	3600
50	0	0	160	160	0	0	2500
60	10	100	172	165	−7	49	3600
35	−15	225	142	140	−2	4	1225

必要なデータは

$$\sum_{i=1}^{10}(x_i - \overline{x})^2 = 600 \qquad \sum_{i=1}^{10} x_i^{\,2} = 25600 \qquad \sum_{i}^{10}(y_i - \hat{y}_i)^2 = 334$$

となる。ここで、誤差の分散は

$$V_e = \frac{1}{10}\sum_{i}^{10}(y_i - \hat{y}_i)^2 = 33.4$$

となり、回帰係数と定数項の不偏分散は

$$\hat{V}_a = \left(\frac{1}{\sum_{i=1}^{10} (x_i - \bar{x})^2} \right) \frac{10}{10-2} V_e = \frac{1}{600} \times \frac{10}{8} \times 33.4 = 0.0696$$

$$\hat{V}_b = \left(\frac{\sum_{i=1}^{10} x_i^2}{\sum_{i=1}^{10} (x_i - \bar{x})^2} \right) \frac{10}{10-2} V_e = \frac{25600}{600} \times \frac{10}{8} \times 33.4 = 1781$$

と与えられる。よって、a と b の標準偏差は

$$\hat{S}_a = \sqrt{\hat{V}_a} = \sqrt{0.0696} = 0.264 \quad \text{ならびに} \quad \hat{S}_b = \sqrt{\hat{V}_b} = \sqrt{1781} = 42.20$$

となる。したがって、t 分布に従う変数は

$$t_a = \sqrt{n-1}\,\frac{a-\alpha}{\hat{S}_a} = \sqrt{9}\,\frac{1.2-\alpha}{0.264} = 11.36\,(1.2-\alpha)$$

$$t_b = \sqrt{n-1}\,\frac{b-\beta}{\hat{S}_b} = \sqrt{9}\,\frac{100-\beta}{42.20} = 0.071\,(100-\beta)$$

この変数は、自由度 $\phi = 10-1 = 9$ の t 分布に従う。よって、その 95% 信頼区間は、累積確率が 0.025 と 0.975 の点となるから

$$\text{T.INV}\,(0.025, 9) = -2.26 \qquad \text{T.INV}\,(0.975, 9) = 2.26$$

より

$$-2.26 \le t \le 2.26$$

となる。

したがって、回帰係数と定数項の母数の 95%信頼区間は

$$-2.26 \le 11.36(1.2-\alpha) \le 2.26 \qquad -2.26 \le 0.071(100-\beta) \le 2.26$$

から

$$-0.20 \le 1.2-\alpha \le 0.20 \qquad -31.8 \le 100-\beta \le 31.8$$

$$1.00 \le \alpha \le 1.40 \qquad 68.2 \le \beta \le 131.8$$

となる。

それでは、宿題であった誤差の分散の不偏推定値が

$$\hat{V}_e = \frac{n}{n-2} V_e$$

と与えられる理由を最後に考えてみよう。

8.6. 誤差の母分散

誤差 e_i は

$$y_i = a x_i + b + e_i$$

という関係を満足する。a および b は回帰係数および定数項である。さらに、回帰直線上の点を

$$\hat{y}_i = a x_i + b$$

と書くと

$$e_i = y_i - \hat{y}_i$$

という関係にある。そして

$$V_e = \frac{1}{n} \sum_{i=1}^{n} e_i^2$$

が、誤差の分散である。ただし $\bar{e} = 0$ である。

しかし、この誤差はあくまでも標本データの誤差であり、回帰係数の母数を α 、定数項の母数を β としたときに

$$y_i = \alpha x_i + \beta + \varepsilon_i$$

で与えられる ε_i が本来の誤差である。よって、この分散の期待値

$$E\left[\frac{1}{n} \sum_{i=1}^{n} \varepsilon_i^2 \right] = \hat{V}_e$$

が誤差の分散の母数の不偏推定値である。つまり、e_i と ε_i の関係を求めて

$$\hat{V}_e = \frac{n}{n-2} V_e$$

となることを示すのが宿題である。

演習 8-10　$\varepsilon_i = y_i - \alpha x_i - \beta$ という関係を利用して ε_i を e_i で表現せよ。

解）　$y_i = ax_i + b + e_i$ であるから

$$\varepsilon_i = y_i - \alpha x_i - \beta = (a x_i + b + e_i) - \alpha x_i - \beta$$

となる。

ここで、つぎのように変形してみよう。

$$y_i - \alpha x_i - \beta = (y_i - a x_i - b) - (\alpha x_i + \beta) + ax_i + b$$
$$= (y_i - a x_i - b) - \beta + (a - \alpha) x_i + b$$

この式に $b = \bar{y} - a\bar{x}$ を代入すると

$$\varepsilon_i = (y_i - a x_i - b) - \beta + (a - \alpha) x_i + \bar{y} - a\bar{x}$$
$$= (y_i - ax_i - b) + (\bar{y} - \alpha\bar{x} - \beta) + \alpha\bar{x} + (a - \alpha) x_i - a\bar{x}$$

よって

$$\varepsilon_i = (y_i - ax_i - b) + (\bar{y} - \alpha\bar{x} - \beta) + (a - \alpha)(x_i - \bar{x})$$

から

$$\varepsilon_i = e_i + (\bar{y} - \alpha\bar{x} - \beta) + (a - \alpha)(x_i - \bar{x})$$

となる。

ここで、両辺の分散をとると

$$V[\varepsilon_i] = V[e_i] + V[\bar{y} - \alpha\bar{x} - \beta] + V[(a - \alpha)(x_i - \bar{x})]$$

となる。

$$V[\bar{y} - \alpha\bar{x} - \beta]$$

は、$\bar{\varepsilon} = \bar{y} - \alpha\bar{x} - \beta$ の分散であるが、これは、n 個の標本誤差の平均の分散であるから、母分散の $1/n$ となり

$$V[\bar{y} - \alpha\bar{x} - \beta] = V[\bar{\varepsilon}] = \frac{\hat{V}_e}{n}$$

となる。

演習 8-11　$V[(a - \alpha)(x_i - \bar{x})]$ を計算せよ。

解） 分散は

$$V[(a-\alpha)(x_i-\overline{x})]=V[a-\alpha]\,V[(x_i-\overline{x})]$$

と変形できるが

$$V[a-\alpha]=V_a \qquad V[(x_i-\overline{x})]=S_x{}^2$$

であり、回帰係数の分散は

$$V_a=\frac{\hat{V}_e}{\sum_{i=1}^{n}(x_i-\overline{x})^2}=\frac{\hat{V}_e}{nS_x{}^2}$$

であったので

$$V[(a-\alpha)(x_i-\overline{x})]=V_a\,S_x{}^2=\frac{\hat{V}_e}{nS_x{}^2}S_x{}^2=\frac{\hat{V}_e}{n}$$

となる。

したがって

$$V[\varepsilon_i]=V[e_i]+V[\overline{y}-\alpha\overline{x}-\beta]+V[(a-\alpha)(x_i-\overline{x})]$$

は

$$\hat{V}_e=V_e+\frac{2}{n}\hat{V}_e$$

と変形できる。よって、誤差の母分散は

$$\hat{V}_e=\frac{n}{n-2}V_e$$

と与えられる。

第9章　相関の検定

本章では、統計検定の手法を利用して相関係数の検定を行う。相関係数とは、ふたつの変数に相関があるかどうかを示す指標であった。このとき、相関係数が 0.7 以上では相関が強く、0.2 以下では相関が弱いとみなせるという定性的な説明をしたが、より定量的な検定を行う必要がある。

たとえば、相関係数が 0.2 と 0.7 の間の 0.4 という値が得られたとき、相関があるかないかを、どう判定すればよいのであろうか。

これら問題に対処するには第 7 章で紹介した手法を使う。そして、仮説としては

帰無仮説：相関係数は 0 である
対立仮説：相関係数は 0 ではない

を採用し、これら仮説を、ある有意水準で検定するのである。もし、帰無仮説が棄却できれば、想定した有意水準で、ふたつの変数間に相関があると結論できることになる。しかし、このためには相関係数がどのような分布に従うかを知る必要がある。

9. 1.　相関係数の検定

検定方法から先に紹介しておこう。実際に変数 x と y との相関係数の検定を行うには

$$t = \sqrt{(n-2)\frac{{R_{xy}}^2}{1-{R_{xy}}^2}}$$

という変数変換を適用する。

この変数 t は自由度 $\phi = n-2$ の t 分布に従うことが知られている。よって、このような変数変換を行ったうえで、t 検定を行えば相関係数の検定が可能となる。なぜ、このような変数変換をすればよいかの説明は後ほど示すが、ここでは、相関係数の検定がどのようなものかを、まず体験してみよう。

いま物理のテストと数学のテストの点数に相関があるかどうか、20 人のクラスを調べたところ、相関係数として 0.4 が得られたものとする。これを、有意水準 5%で検定してみる。

この場合の帰無仮説 H_0 と対立仮説 H_1 は

$$H_0:\ R_{xy} = 0$$

$$H_1:\ R_{xy} \neq 0$$

である。

まず変数 t の値を求めると

$$t = \sqrt{(n-2)\frac{{R_{xy}}^2}{1-{R_{xy}}^2}} = \sqrt{18\frac{0.4^2}{1-0.4^2}} = \sqrt{\frac{18 \times 0.16}{0.84}} = 1.85$$

となる。

この変数が t 分布で、どの位置にあるかで判定が可能となる。まず、両側検定が必要になる。有意水準 5%であるから、95%の信頼係数とすると、自由度 18 の t 分布表において、累積確率が 0.025 と 0.975 となる値を Microsoft EXCEL の T.INV 関数により求めると

$$\text{T.INV}(0.025,18) = -2.1009 \qquad \text{T.INV}(0.975,18) = 2.1009$$

となる。

よって採択域は

$$-2.1009 \leq t \leq 2.1009$$

棄却域は

$$t < -2.1009 \qquad 2.1009 < t$$

となる。いまの値は $t = 1.85$ であるから採択域にある。

したがって、帰無仮説 $R_{xy} = 0$ を棄却することはできず、物理のテスト結果と数学のテストの結果には、5%の有意水準で相関があるとは結論できないことになる。つまり、相関係数として 0.4 が得られていても、いまのケースでは、相関

があるとは言えないのである。

演習 9-1　物理のテストと数学のテストの点数に関して、30 人のクラスで相関を調べたところ、相関係数として 0.8 が得られた。5%有意水準で検定せよ。

解）　帰無仮説と対立仮説は、それぞれ

$$H_0 : R_{xy} = 0 \qquad H_1 : R_{xy} \neq 0$$

である。

t 検定を行うために、変数 t の値を求めると

$$t = \sqrt{(n-2)\frac{{R_{xy}}^2}{1-{R_{xy}}^2}} = \sqrt{28\frac{0.8^2}{1-0.8^2}} = \sqrt{\frac{28\times 0.64}{0.36}} = 7.06$$

となる。ここでも、両側検定が必要になる。自由度 $\phi = 30-2 = 28$ の t 分布において、5% (0.05) 有意水準から累積確率が 0.025 と 0.975 となる値を T.INV 関数により求める。

$$\text{T.INV}(0.025,28) = -2.0484 \qquad \text{T.INV}(0.975,28) = 2.0484$$

となる。

よって採択域は

$$-2.0484 \le t \le 2.0484$$

棄却域は

$$t < -2.0484 \qquad 2.0484 < t$$

となる。

いまの値は $t = 7.06$ であるから棄却域にある。よって、帰無仮説は棄却され、物理のテスト結果と数学のテストの結果には、5%の有意水準で相関があると結論できる。

それでは、さらに厳しい基準である 1% (0.01) の有意水準ではどう判定されるだろうか。自由度 28 の t 分布表において、累積確率が、0.005 と 0.995 となる値を求めると

$$\text{T.INV}(0.005, 28) = -2.7633$$

$$\text{T.INV}(0.995, 28) = 2.7633$$

となる。よって、この場合でも、$t = 7.06 > 2.7633$ となって、棄却域にあるので、1%の有意水準であっても相関があると結論できることになる。

演習 9-2　物理のテストと数学のテストの点数に関して、5 人のクラスで相関を調べたところ、相関係数として 0.8 が得られた。5%有意水準で検定せよ。

解）　帰無仮説と対立仮説は、それぞれ

$$H_0:\ R_{xy} = 0 \qquad H_1:\ R_{xy} \neq 0$$

である。t 検定を行う。

まず変数 t の値を求めると

$$t = \sqrt{(n-2)\frac{R_{xy}{}^2}{1-R_{xy}{}^2}} = \sqrt{3\frac{0.8^2}{1-0.8^2}} = \sqrt{\frac{3\times 0.64}{0.36}} = 2.309$$

となる。5%有意水準であるから、自由度 $\phi = 5-2 = 3$ の t 分布表において、累積確率が 0.025 と 0.975 となる値は

$$\text{T.INV}(0.025, 3) = -3.1824 \qquad \text{T.INV}(0.975, 3) = 3.1824$$

となり、帰無仮説の採択域は

$$-3.1824 \leq t \leq 3.1824$$

となる。ここで、$t = 2.309$ は採択域に入る。したがって、5%の有意水準では、帰無仮説を否定することはできず、相関があるという結論を出すことはできない。

ちなみに、相関係数が 0.9 となった場合はどうであろうか。

このとき変数 t の値は

$$t = \sqrt{(n-2)\frac{R_{xy}{}^2}{1-R_{xy}{}^2}} = \sqrt{3\frac{0.9^2}{1-0.9^2}} = \sqrt{\frac{3\times 0.81}{0.19}} = 3.576$$

となり、棄却域の $t > 3.1824$ に入るので、5%の有意水準で、相関があると結論

できることになる。

一方、1%の有意水準ではどうであろうか。この場合、自由度 3 の t 分布表で、右すその面積が 0.005 となる点は $t = 5.8409$ となり、帰無仮説は棄却できないので、相関があると結論することはできない。

演習 9-3　生徒の数が 42 人のクラスの体重と身長の相関を調べたところ、相関係数として 0.5 が得られたとする。このクラスの体重と身長の間に相関があるかどうかを 5%有意水準で検定せよ。

解）　帰無仮説と対立仮説は、それぞれ

$$H_0 : R_{xy} = 0 \qquad H_1 : R_{xy} \neq 0$$

である。

まず変数 t の値は

$$t = \sqrt{(n-2)\frac{{R_{xy}}^2}{1-{R_{xy}}^2}} = \sqrt{40\frac{0.5^2}{1-0.5^2}} = \sqrt{\frac{40 \times 0.25}{0.75}} = \sqrt{13.3} \cong 3.65$$

となる。

ここで、5%有意水準であるから自由度 $\phi = 42 - 2 = 40$ の t 分布表において、右すその面積が 0.025 となる値を求めると、 $t = 2.021$ となる。よって採択域は

$$-2.021 \leq t \leq 2.021$$

となる。

いまの値は $t = 3.65$ であるから棄却域

$$t > 2.021$$

にある。よって、帰無仮説は棄却され、このクラスの生徒の体重と身長の間には、5%の有意水準で相関があると結論できる。

以上のように、標本データから、相関係数 R_{xy} が得られたら、後は

$$t = \sqrt{(n-2)\frac{{R_{xy}}^2}{1-{R_{xy}}^2}}$$

と変数変換することで、t 分布を利用した検定が可能となる。実に簡単であるが、それでは、相関係数はどうして、このような分布に従うのであろうか。それを、あらためて考えてみよう。

9. 2.　相関係数の分布

いま測定データとして

$$y_1, y_2, \ldots, y_i, \ldots, y_n$$

という n 個の点を考える。

つぎに、回帰式から予想される値として

$$\hat{y}_1, \hat{y}_2, \ldots, \hat{y}_i, \ldots, \hat{y}_n$$

を考える。つまり

$$\hat{y}_i = ax_i + b$$

という関係にある。ここで、観測データと、その平均との偏差平方和

$$\sum_{i=1}^{n} (y_i - \overline{y})^2 = nV_y = nS_y{}^2$$

を考えてみよう。この和は、y_i の分散 V_y に標本数 n をかけたものであり**変動** (variation) と呼ばれている。回帰式から予想される値を使って、変動をつぎのように変形してみる。

$$\sum_{i=1}^{n} (y_i - \overline{y})^2 = \sum_{i=1}^{n} (y_i - \hat{y}_i + \hat{y}_i - \overline{y})^2$$

演習 9-4　上式の右辺 $\sum_{i=1}^{n} (y_i - \hat{y}_i + \hat{y}_i - \overline{y})^2$ を展開せよ。

解）

$$(y_i - \hat{y}_i + \hat{y}_i - \overline{y})^2 = \{(y_i - \hat{y}_i) + (\hat{y}_i - \overline{y})\}^2$$

$$= (y_i - \hat{y}_i)^2 + 2(y_i - \hat{y}_i)(\hat{y}_i - \overline{y}) + (\hat{y}_i - \overline{y})^2$$

から

$$\sum_{i=1}^{n}(y_i-\bar{y})^2=\sum_{i=1}^{n}(y_i-\hat{y}_i)^2+2\sum_{i=1}^{n}(y_i-\hat{y}_i)(\hat{y}_i-\bar{y})+\sum_{i=1}^{n}(\hat{y}_i-\bar{y})^2$$

となる。

演習 9-5　$\sum_{i=1}^{n}(y_i-\hat{y}_i)(\hat{y}_i-\bar{y})=0$ となることを確かめよ。

解）

$$\hat{y}_i=ax_i+b \qquad \text{かつ} \qquad \bar{y}=a\bar{x}+b$$

という関係にあるから $b=\bar{y}-a\bar{x}$ を $\hat{y}_i$ に代入すると

$$\hat{y}_i=ax_i+b=ax_i+(\bar{y}-a\bar{x})=a(x_i-\bar{x})+\bar{y}$$

よって、第 2 項は

$$\sum_{i=1}^{n}(y_i-\hat{y}_i)(\hat{y}_i-\bar{y})=\sum_{i=1}^{n}\left\{y_i-\bar{y}-a(x_i-\bar{x})\right\}a(x_i-\bar{x})$$

これを、さらに展開すると

$$\sum_{i=1}^{n}a(y_i-\bar{y})(x_i-\bar{x})-\sum_{i=1}^{n}a^2(x_i-\bar{x})^2=a\sum_{i=1}^{n}(y_i-\bar{y})(x_i-\bar{x})-a^2\sum_{i=1}^{n}(x_i-\bar{x})^2$$

ところで、回帰係数 a は

$$a=\frac{\sum_{i=1}^{n}(y_i-\bar{y})(x_i-\bar{x})}{\sum_{i=1}^{n}(x_i-\bar{x})^2}$$

であるから、上式の右辺に代入すれば

$$\sum_{i=1}^{n}(y_i-\hat{y}_i)(\hat{y}_i-\bar{y})=0$$

となることがわかる。

9. 3.　変動の分解

したがって

$$\sum_{i=1}^{n}(y_i-\bar{y})^2=\sum_{i=1}^{n}(y_i-\hat{y}_i)^2+\sum_{i=1}^{n}(\hat{y}_i-\bar{y})^2$$

という非常に重要な関係式が得られる。これを**変動の分解** (partition of variation) と呼んでいる。

ここで、左辺は、観測値 y_i とその平均 $\bar{y}$ との偏差の平方和であり、**全変動** (total variation) と呼ばれる。右辺の第 1 項は回帰式から得られる y の値と観測値の差であるから**誤差** (error) の平方和に相当する。この項は、**誤差変動** (error variation) と呼ばれる。右辺の第 2 項は、回帰式から得られる y の値と、観測値の平均との偏差の平方和であり、**回帰変動** (regression variation) と呼ばれる。つまり、回帰分析における変動は

全変動 ＝ 誤差変動 ＋ 回帰変動

と分解できることになる。これらは

（全変動）＝（回帰では説明できない変動）＋（回帰で説明できる変動）

という意味を持っている。ここで、誤差変動がゼロとなるとき

全変動 ＝ 回帰変動

となり、回帰式が完全なフィッティングを与えるということになる。あるいは誤差変動が小さいほど、良いフィッティングであると言うこともできる。

この変動の分解式の両辺を n で割れば

$$V[y_i]=V[e_i]+\frac{1}{n}\sum_{i=1}^{n}(\hat{y}_i-\bar{y})^2$$

という分散の式となる。ここで、左辺は標本の分散であり、右辺の第 1 項は誤差の分散である。第 2 項は回帰式を使って得られる予測値と平均値との差であるから、回帰分散と呼ばれる。つまり

標本分散 ＝ 誤差分散 ＋ 回帰分散

のように、標本分散が分解できることになる。こちらを**分散の分解** (partition of variance) と呼んでいる。

演習 9-6　表 9-1 の 2 次元データがあるとき、変数 x と変数 y の線形回帰式を求めよ。つぎに、回帰式にもとづいて、変動の分解を行ってみよ。

表 9-1

i	x_i	y_i
1	1	3
2	2	4
3	4	9
4	5	12

解）　まず、これら変数の平均を求めると

$$\bar{x} = \frac{1+2+4+5}{4} = 3 \qquad \bar{y} = \frac{3+4+9+12}{4} = 7$$

つぎに、分散は

$$S_x{}^2 = \frac{1}{4}\sum_{i=1}^{4}(x_i - \bar{x})^2 = \frac{(1-3)^2+(2-3)^2+(4-3)^2+(5-3)^2}{4} = 2.5$$

$$S_y{}^2 = \frac{1}{4}\sum_{i=1}^{4}(y_i - \bar{y})^2 = \frac{(3-7)^2+(4-7)^2+(9-7)^2+(12-7)^2}{4} = 13.5$$

となり、共分散は

$$S_{xy} = \frac{1}{4}\sum_{i=1}^{4}(x_i - \bar{x})(y_i - \bar{y})$$

$$= \frac{(1-3)(3-7)+(2-3)(4-7)+(4-3)(9-7)+(5-3)(12-7)}{4} = 5.75$$

となる。よって、回帰係数は

$$a = \frac{S_{xy}}{S_x{}^2} = \frac{5.75}{2.5} = 2.3$$

と与えられる。つぎに、 $\bar{x} = 3$ 、 $\bar{y} = 7$ であるから、定数項は

$$b = \bar{y} - a\bar{x} = 7 - 2.3 \times 3 = 0.1$$

となり、回帰直線は

$$y = ax + b = 2.3x + 0.1$$

と与えられる。

　変数 x と変数 y の相関係数を求めると

$$R_{xy} = \frac{S_{xy}}{S_x S_y} = \frac{5.75}{\sqrt{2.5} \times \sqrt{13.5}} \cong 0.99$$

となって、かなり相関が高いという結果が得られる。

つぎに、分散の分解を行うために、データを整理する。ここで

$$\hat{y}_i = 2.3x_i + 0.1$$

のように、ハットのついた変数は、回帰式から得られる従属変数の値である。すると、変動を与える偏差は、表 9-2 のようにまとめることができる。

表 9-2　偏差のまとめ

x_i	y_i	$y_i - \overline{y}$	$\hat{y}_i$	$\hat{y}_i - \overline{y}$	$y_i - \hat{y}_i$
1	3	−4	2.4	−4.6	0.6
2	4	−3	4.7	−2.3	−0.7
4	9	2	9.3	2.3	−0.3
5	12	5	11.6	4.6	−0.4

表から、全変動は

$$S_T = \sum_{i=1}^{4} (y_i - \overline{y})^2 = (-4)^2 + (-3)^2 + 2^2 + 5^2 = 16 + 9 + 4 + 25 = 54$$

となる。

つぎに回帰変動は

$$S_R = \sum_{i=1}^{4} (\hat{y}_i - \overline{y})^2 = (-4.6)^2 + (-2.3)^2 + 2.3^2 + 4.6^2 = 52.9$$

と計算できる。最後に誤差変動は

$$S_E = \sum_{i=1}^{4} (y_i - \hat{y}_i)^2 = (0.6)^2 + (-0.7)^2 + (-0.3)^2 + (-0.4)^2 = 1.1$$

となるので

$$S_T = S_R + S_E$$

という関係が成立する。

この結果から、全変動は、回帰変動と誤差変動の和であることが確かめられる。

9.4. 変動の統計

つぎに、標本分散、回帰分散、誤差分散について、その分布を統計という観点で眺めてみよう。まず全変動

$$\sum_{i=1}^{n}(y_i-\bar{y})^2$$

は、標本の偏差平方和であり、標本平均を使っているから、自由度

$$\phi=n-1$$

の χ^2 分布に従う。つぎに誤差変動

$$\sum_{i=1}^{n}(y_i-\hat{y}_i)^2$$

は、回帰式から予想される値と標本との偏差平方和である。回帰式では標本データを使って、回帰係数と定数項を求めている。よって、自由度が 2 個減っていることになるので

$$\phi=n-2$$

の χ^2 分布に従うことになる。

演習 9-7　回帰変動 $\sum_{i=1}^{n}(\hat{y}_i-\bar{y})^2$ の自由度を求めよ。

解）

$$\sum_{i=1}^{n}(y_i-\bar{y})^2=\sum_{i=1}^{n}(y_i-\hat{y}_i)^2+\sum_{i=1}^{n}(\hat{y}_i-\bar{y})^2$$

という関係を考える。

左辺の自由度が $n-1$ であり、右辺の第 1 項の自由度が $n-2$ であるから、最後の項である回帰変動の自由度は 1 ということになる。

実際に、回帰変動は、自由度 1 の χ^2 分布に従うことになるのであるが、その意味を少し考えてみよう。まず、$\bar{y}$ は平均であるので自由度はない。よって、考

えるのは $\hat{y}_i$ の自由度である。ところで、 $\hat{y}_i$ は

$$\hat{y}_i = ax_i + b$$

と与えられるが、x_i が決まれば、この値は自動的に決まってしまう。よって、自由度は 1 しかないことになる。

ここで、χ^2 分布の比は F 分布に従うという事実を思い出してみよう。つまり

$$\frac{\dfrac{\sum_{i=1}^{n}(\hat{y}_i - \overline{y})^2}{1}}{\dfrac{\sum_{i=1}^{n}(y_i - \hat{y}_i)^2}{n-2}} = (n-2)\frac{\sum_{i=1}^{n}(\hat{y}_i - \overline{y})^2}{\sum_{i=1}^{n}(y_i - \hat{y}_i)^2}$$

は分子が自由度 1 の χ^2 分布に従い、分母が自由度 $n-2$ の χ^2 分布に従うので、この比は、$F(1, n-2)$ 分布に従うことになる。

ここで

$$\sum_{i=1}^{n}(y_i - \overline{y})^2 = \sum_{i=1}^{n}(y_i - \hat{y}_i)^2 + \sum_{i=1}^{n}(\hat{y}_i - \overline{y})^2$$

の両辺を $\sum_{i=1}^{n}(y_i - \overline{y})^2$ で割ると

$$1 = \frac{\sum_{i=1}^{n}(y_i - \hat{y}_i)^2}{\sum_{i=1}^{n}(y_i - \overline{y})^2} + \frac{\sum_{i=1}^{n}(\hat{y}_i - \overline{y})^2}{\sum_{i=1}^{n}(y_i - \overline{y})^2}$$

となる。ここで相関係数は

$$R_{xy} = \frac{\sum_{i=1}^{n}(x_i - \overline{x})(y_i - \overline{y})}{\sqrt{\sum_{i=1}^{n}(x_i - \overline{x})^2}\sqrt{\sum_{i=1}^{n}(y_i - \overline{y})^2}}$$

であったが、ここでは、その平方を使う。すると

$$R_{xy}{}^2 = \frac{\left\{\sum_{i=1}^{n}(x_i - \bar{x})(y_i - \bar{y})\right\}^2}{\sum_{i=1}^{n}(x_i - \bar{x})^2 \sum_{i=1}^{n}(y_i - \bar{y})^2}$$

となる。

演習 9-8　上式を変形することで

$$R_{xy}{}^2 = \frac{\sum_{i=1}^{n}(\hat{y}_i - \bar{y})^2}{\sum_{i=1}^{n}(y_i - \bar{y})^2}$$

という関係が得られることを示せ。

解)　回帰式のひとつの形式は

$$\hat{y}_i - \bar{y} = a(x_i - \bar{x})$$

であった。これを代入すると

$$R_{xy}{}^2 = \frac{\left\{\sum_{i=1}^{n}(x_i - \bar{x})(y_i - \bar{y})\right\}^2}{\sum_{i=1}^{n}(x_i - \bar{x})^2 \sum_{i=1}^{n}(y_i - \bar{y})^2} = \frac{\frac{1}{a^2}\left\{\sum_{i=1}^{n}(\hat{y}_i - \bar{y})(y_i - \bar{y})\right\}^2}{\frac{1}{a^2}\sum_{i=1}^{n}(\hat{y}_i - \bar{y})^2 \sum_{i=1}^{n}(y_i - \bar{y})^2}$$

$$= \frac{\left\{\sum_{i=1}^{n}(\hat{y}_i - \bar{y})(y_i - \bar{y})\right\}^2}{\sum_{i=1}^{n}(\hat{y}_i - \bar{y})^2 \sum_{i=1}^{n}(y_i - \bar{y})^2}$$

となる。ここで、分子を変形すると

$$\sum_{i=1}^{n}(\hat{y}_i - \bar{y})(y_i - \bar{y}) = \sum_{i=1}^{n}(\hat{y}_i - \bar{y})(y_i - \hat{y}_i + \hat{y}_i - \bar{y})$$

$$= \sum_{i=1}^{n}(\hat{y}_i - \bar{y})(y_i - \hat{y}_i) + \sum_{i=1}^{n}(\hat{y}_i - \bar{y})^2$$

となるが、演習 9-5 から

$$\sum_{i=1}^{n}(\hat{y}_i - \overline{y})(y_i - \hat{y}_i) = 0$$

という関係にある。よって

$$\left\{\sum_{i=1}^{n}(\hat{y}_i - \overline{y})(y_i - \overline{y})\right\}^2 = \left\{\sum_{i=1}^{n}(\hat{y}_i - \overline{y})^2\right\}^2 = \sum_{i=1}^{n}(\hat{y}_i - \overline{y})^2 \cdot \sum_{i=1}^{n}(\hat{y}_i - \overline{y})^2$$

となり、結局

$$R_{xy}{}^2 = \frac{\sum_{i=1}^{n}(\hat{y}_i - \overline{y})^2}{\sum_{i=1}^{n}(y_i - \overline{y})^2}$$

と変形できる。

$R_{xy}{}^2$ は、相関係数 R_{xy} の平方であるが、すでに紹介したように**決定係数** (coefficient of determination) と呼ばれている。

9. 5. 決定係数

決定係数は

決定係数 ＝ 回帰分散/標本分散

のような比として書くことができる。

これは

決定係数 ＝ 回帰分散/(回帰分散＋誤差分散)

と書くこともできる。

よって、誤差が小さい回帰であれば、この値は 1 に近づき、誤差があれば、その割合に従って小さくなっていくことになる。これが $R_{xy}{}^2$ が決定係数と呼ばれる由縁である。

ここで、$F(1, n-2)$ という分布に従う変動の比を t^2 と置いてみよう。

$$t^2 = (n-2)\frac{\sum_{i=1}^{n}(\hat{y}_i - \overline{y})^2}{\sum_{i=1}^{n}(y_i - \hat{y}_i)^2}$$

すると、先ほどの式は相関係数と t^2 を使って

$$1 = (n-2)\frac{{R_{xy}}^2}{t^2} + {R_{xy}}^2$$

と変形できる。これから t^2 を求めると

$$t^2 = (n-2)\frac{{R_{xy}}^2}{1 - {R_{xy}}^2}$$

と与えられる。

つまり、この分布が、$F\,(1, n-2)$ 分布に従うことになる。第13章で、その詳細な導出を紹介するが、確率変数 $F = t^2$ が $F\,(1, n)$ 分布に従うとき、確率変数 t は、自由度が n の t 分布に従う。

よって、$F\,(1, n-2)$ 分布のときは、自由度が $n-2$ の t 分布に従うので

$$t = \pm\sqrt{(n-2)\frac{{R_{xy}}^2}{1 - {R_{xy}}^2}}$$

は自由度 $n-2$ の t 分布に従う。

結局、このような変数変換を行うと、相関係数の検定が t 分布を利用して可能となるのである。

第10章　分散分析—回帰式の検定

本章では、回帰分析で得られた回帰式がどの程度予測に使えるかどうかの検定を行う。このとき、基本的には単回帰分析も重回帰分析も同様に扱うことができる。まず、基本として回帰分析では、第9章で示したように

全変動 ＝ 誤差変動 ＋ 回帰変動

という変動の分解が可能である。

このとき、誤差変動が小さいほど回帰式が有効であると言える。そして、回帰式の検定では

(回帰変動)/(誤差変動)

の比が大きいほど精度が高いと判定するのである。あるいは、ある有意水準の値よりも、この比が大きい場合に、回帰式を予測に使ってよいと判定できる。

それでは、この手法を単回帰式に適用したのち、重回帰式への展開を行ってみよう。

10. 1.　回帰分析の変動

回帰分析の統計処理では

$$\sum_{i=1}^{n}(y_i-\bar{y})^2=\sum_{i=1}^{n}(y_i-\hat{y}_i)^2+\sum_{i=1}^{n}(\hat{y}_i-\bar{y})^2$$

のような偏差平方和の分解を行った。

ここで、左辺の成分の $(y_i-\bar{y})^2$ は観測値 y_i と平均 $\bar{y}$ との偏差平方和であり**全変動** (total variation) と呼んでいる。これを total の頭文字 T を添え字に使って S_T と表記する。

$$S_T=\sum_{i=1}^{n}(y_i-\bar{y})^2$$

つぎに右辺の第1項 $(y_i-\hat{y}_i)^2$ は観測値 y_i と、回帰式から予想される値 $\hat{y}_i$ との

偏差平方和であるから、**誤差変動** (error variation) と呼んでおり、S_E と表記する。

$$S_E = \sum_{i=1}^{n} (y_i - \hat{y}_i)^2$$

最後の項 $(\hat{y}_i - \overline{y})^2$ は、回帰式から得られる予測値 $\hat{y}_i$ と平均 $\overline{y}$ との偏差平方和であるから、**回帰変動** (regression variation) と呼び S_R と表記する。

$$S_R = \sum_{i=1}^{n} (\hat{y}_i - \overline{y})^2$$

これらをまとめると

$$S_T = S_E + S_R$$

という関係にあり、回帰分析の全変動は、誤差変動と回帰変動の和で表されることがわかる。そして、誤差変動の項が小さくなると、全変動が回帰変動に近づいていく。最小 2 乗法という手法は、S_E を最小にする手法なのである。

ここで、それぞれの成分について、その分布を統計という観点で眺めてみよう。まず、これら偏差平方和は χ^2 分布に従う。χ^2 は

$$\chi^2 = \sum_{i=1}^{n} \frac{(x_i - \overline{x})^2}{\sigma^2}$$

と与えられるが、σ^2 は定数とみなせるから、変動部分は分子のみである。

よって、全変動

$$S_T = \sum_{i=1}^{n} (y_i - \overline{y})^2$$

は、χ^2 分布に従う。問題は自由度である。

ここで、全変動は、標本と平均との偏差平方和であり、標本平均を使っているから、自由度は、標本数の n より 1 減って

$$\phi = n - 1$$

の χ^2 分布に従うことになる。

つぎに、誤差変動

$$S_E = \sum_{i=1}^{n} (y_i - \hat{y}_i)^2$$

は、回帰式から予想される値と標本との偏差平方和である。回帰式では標本データを使って、回帰係数と定数項を求めている。よって、自由度が 2 個減っている

ので

$$\phi = n-2$$

の χ^2 分布に従うことになる。

最後に、回帰変動

$$S_R = \sum_{i=1}^{n}(\hat{y}_i - \overline{y})^2$$

の自由度は、x_i が与えられれば、この値は回帰式から自動的に決まってしまうので 1 となる。つまり自由度という観点で見ると

$$S_T = S_E + S_R \quad \rightarrow \quad n-1 = (n-2)+1$$

となって、整合性がとれている。

10. 2. 分散分析

これら変動を統計的に検証する場合、回帰変動と誤差変動の比に注目する。このとき、χ^2 分布の比は F 分布に従うことを思い出そう。そして

$$\frac{\sum_{i=1}^{n}(\hat{y}_i - \overline{y})^2 \Big/ 1}{\sum_{i=1}^{n}(y_i - \hat{y}_i)^2 \Big/ n-2} = \frac{S_R/1}{S_E/n-2} = (n-2)\frac{S_R}{S_E}$$

という比を考える。このとき、分子が自由度 1 の χ^2 分布に従い、分母が自由度 $n-2$ の χ^2 分布に従うので、その比は、$F(1, n-2)$ 分布に従うことになる。さらに、偏差平方和を自由度で割っているので、これらは分散の不偏推定値となっている。つまり

$$V_R = \frac{\sum_{i=1}^{n}(\hat{y}_i - \overline{y})^2}{1} = \frac{S_R}{1}$$

は回帰変動の不偏推定値

$$V_E = \frac{\sum_{i=1}^{n}(y_i - \hat{y}_i)^2}{n-2} = \frac{S_E}{n-2}$$

は誤差変動の不偏推定値となる。以上を整理すると表 10-1 のようになる。

表 10-1　分散分析表

	平方和	自由度	不偏分散	分散比
回帰変動	S_R	1	$V_R = S_R / 1$	$F(1, n-2)$
誤差変動	S_E	$n-2$	$V_E = S_E / (n-2)$	$= V_R / V_E$

ただし、全変動 $S_T = S_R + S_E$ で、自由度 $\phi = n-1$ である。

このような整理法を**分散分析** (analysis of variance) と呼び AOV と略すこともある。また、この表を**分散分析表** (AOV table) と呼ぶ。そのうえで、分散比 V_R / V_E の大きさが、選んだ有意水準の値よりも大きいか小さいかによって、回帰式が有効かどうかを判定するのである。

演習 10-1　表 10-2 に示す 10 人の生徒の体重 x [kg] と身長 y [cm] の対応を示す回帰式を求め、分散分析により有意水準 5%で回帰式が予測に使えるかどうかを検定せよ。

表 10-2　生徒の体重 x [kg] と身長 y [cm]

x	45	55	50	50	55	40	60	50	50	40
y	150	165	155	170	150	145	175	160	165	140

解）　表 10-2 のデータをもとに、回帰式を求めるために必要な積和のデータを求めると表 10-3 のようになる。

ここで、回帰式 : $y = ax + b$ の回帰係数 a および定数項 b を求めるための正規方程式に対応した行列は

$$\begin{pmatrix} \sum x^2 & \sum x \\ \sum x & \sum 1 \end{pmatrix} \begin{pmatrix} a \\ b \end{pmatrix} = \begin{pmatrix} \sum xy \\ \sum y \end{pmatrix}$$

であった。表 10-3 から、この行列は

表 10-3　回帰式を求めるための積和

x	y	x^2	xy
45	150	2025	6750
55	165	3025	9075
50	155	2500	7750
50	170	2500	8500
55	150	3025	8250
40	145	1600	5800
60	175	3600	10500
50	160	2500	8000
50	165	2500	8250
40	140	1600	5600
$\Sigma x = 495$	$\Sigma y = 1575$	$\Sigma x^2 = 24875$	$\Sigma xy = 78475$

$$\begin{pmatrix} 24875 & 495 \\ 495 & 10 \end{pmatrix}\begin{pmatrix} a \\ b \end{pmatrix} = \begin{pmatrix} 78475 \\ 1575 \end{pmatrix}$$

と与えられる。したがって

$$\begin{pmatrix} a \\ b \end{pmatrix} = \begin{pmatrix} 24875 & 495 \\ 495 & 10 \end{pmatrix}^{-1}\begin{pmatrix} 78475 \\ 1575 \end{pmatrix}$$

となる。逆行列は

$$\begin{pmatrix} 24875 & 495 \\ 495 & 10 \end{pmatrix}^{-1} = \frac{1}{3725}\begin{pmatrix} 10 & -495 \\ -495 & 24875 \end{pmatrix}$$

であるから

$$\begin{pmatrix} a \\ b \end{pmatrix} = \frac{1}{3725}\begin{pmatrix} 10 & -495 \\ -495 & 24875 \end{pmatrix}\begin{pmatrix} 78475 \\ 1575 \end{pmatrix}$$

よって回帰式は

$$y = 1.38x + 89$$

となる。

ここで、分散分析するために、表 10-4 のようなデータ表をつくる。

表 10-4　分散分析のためのデータ

i	x_i	y_i	$\hat{y}_i$	$\hat{y}_i - \overline{y}$	$y_i - \hat{y}_i$
1	45	150	151.1	−6.4	−1.1
2	55	165	164.9	7.4	0.1
3	50	155	158.0	0.5	−3.0
4	50	170	158.0	0.5	12.0
5	55	150	164.9	7.4	−14.9
6	40	145	144.2	−13.3	0.8
7	60	175	171.8	14.3	3.2
8	50	160	158.0	0.5	2.0
9	50	165	158.0	0.5	7.0
10	40	140	144.2	−13.3	−4.2

これらのデータより、分散分析に必要な統計量を求めていく。

まず、平方和はそれぞれ

$$S_R = \sum_{i=1}^{10} (\hat{y}_i - \overline{y})^2$$

$$= (-6.4)^2 + 7.4^2 + 0.5^2 + 0.5^2 + 7.4^2 + (-13.3)^2 + 14.3^2 + 0.5^2 + 0.5^2 + (-13.3)^2$$
$$= 709.75$$

$$S_E = \sum_{i=1}^{10} (y_i - \hat{y}_i)^2$$

$$= (-1.1)^2 + 0.1^2 + (-3)^2 + 12^2 + (-14.9)^2 + (0.8)^2 + 3.2^2 + 2^2 + 7^2 + (-4.2)^2$$
$$= 457.75$$

よって、不偏分散はそれぞれ

$$V_R = \frac{\sum_{i=1}^{10} (\hat{y}_i - \overline{y})^2}{1} = \frac{S_R}{1} = 709.75$$

$$V_E = \frac{\sum_{i=1}^{10} (y_i - \hat{y}_i)^2}{10-2} = \frac{S_E}{8} = \frac{457.75}{8} = 57.22$$

となる。よって分散比は

$$\frac{V_R}{V_E}=\frac{709.75}{57.22}=12.40$$

となる。これらの値から、分散分析表は表 10-5 のようになる。

表 10-5　分散分析表

	平方和	自由度	不偏分散	分散比
回帰変動	S_R	$\phi=1$	$V_R=709.75$	V_R/V_E
誤差変動	S_E	$\phi=8$	$V_E=57.22$	$=12.40$

ただし、全変動 $S_T=S_R+S_E$ の自由度は$\phi=9$

それでは、分散分析の結果をもとに、この回帰式が有効かどうかを有意水準5%で検証してみよう。ここでは、次のような帰無仮説をたてる。

H_0: **回帰直線は予測に役立たない**

この仮説を棄却できれば、回帰式が予測に使えることになる。

回帰分析においては、分散比の値 V_R/V_E が大きいほど、回帰直線の信頼度が高いということを意味しているので片側検定となる。また、いまの場合、V_R/V_E は自由度は (1, 8) の F 分布に従う。また、有意水準 5%ということは、F 分布において、右すその面積が 0.05 以下の領域が採択域に相当する。そのしきい値は、Microsoft EXCEL では F.INV 関数を使い F.INV（確率, 自由度 1, 自由度 2）と入力すれば値が出力され

$$\text{F.INV}\,(0.95,1,8)=5.318$$

となる。よって

$$V_R/V_E=12.40>5.318$$

となり、採択域にはないので、帰無仮説は棄却される。

つまり、有意水準 5%において回帰式は予測に役立つということを意味している。

このように、誤差変動と回帰変動の比を F 分布をもとに検定することで回帰

式が有効かどうかを判定できる。これが分散分析 (AOV) である。

10. 3.　重回帰式への応用

AOV の手法は、独立変数が複数になった場合にも容易に適用できる。独立変数が 2 個の場合の AOV 表を表 10-6 に示す。

表 10-6　独立変数が 2 個の場合の分散分析表

	平方和	自由度	不偏分散	分散比 (F_0)
回帰変動	S_R	$\phi = 2$	$V_R = S_R / 2$	$F(2, n-3)$
誤差変動	S_E	$\phi = n-3$	$V_E = S_E / (n-3)$	$= V_R / V_E$

ただし、全変動 $S_T = S_R + S_E$ の自由度は $n-1$

まず、データ数が n 個の場合には、全変動の自由度は $\phi = n-1$ となる。一方、回帰変動では、独立変数が 2 個であるので、その自由度は $\phi = 2$ となる。その結果、誤差変動の自由度は $\phi = n-3$ となる。

つぎに独立変数が p 個の場合の AOV 表は表 10-7 に示したようになる。

表 10-7　重回帰分析における分散分析表

	平方和	自由度	不偏分散	分散比 (F_0)
回帰変動	S_R	$\phi = p$	$V_R = S_R / p$	$F(p, n-p-1)$
誤差変動	S_E	$\phi = n-p-1$	$V_E = S_E / (n-p-1)$	$= V_R / V_E$

ただし、全変動 $S_T = S_R + S_E$ の自由度は $n-1$

つまり、重回帰分析では、回帰変動と誤差変動の分散の比が自由度 $(p, n-p-1)$ の F 分布に従うことを利用して統計検定を行うのである。

演習 10-2　2 種類の独立変数 x_1, x_2 と従属変数 y がつぎの表 10-8 のように与えられているとき、重回帰式を求め、有為水準 5%で、得られた式が予測に役立つかどうか検証せよ。

表 10-8

i	x_1	x_2	y
1	2	3	7
2	4	6	15
3	6	7	20
4	8	8	22

解）　正規方程式は

$$\begin{pmatrix} \sum x_1 & \sum x_1^2 & \sum x_1 x_2 \\ \sum x_2 & \sum x_1 x_2 & \sum x_2^2 \\ \sum 1 & \sum x_1 & \sum x_2 \end{pmatrix} \begin{pmatrix} a_0 \\ a_1 \\ a_2 \end{pmatrix} = \begin{pmatrix} \sum x_1 y \\ \sum x_2 y \\ \sum y \end{pmatrix}$$

となる。この行列要素を計算するために、表 10-9 を用意する。

表 10-9

x_1	x_2	x_1^2	x_2^2	$x_1 x_2$	y	$x_1 y$	$x_2 y$
2	3	4	9	6	7	14	21
4	6	16	36	24	15	60	90
6	7	36	49	42	20	120	140
8	8	64	64	64	22	176	176
Σx_1	Σx_2	Σx_1^2	Σx_2^2	$\Sigma x_1 x_2$	Σy	$\Sigma x_1 y$	$\Sigma x_2 y$
20	24	120	158	136	64	370	427

これらデータを行列に代入すると

$$\begin{pmatrix} 20 & 120 & 136 \\ 24 & 136 & 158 \\ 4 & 20 & 24 \end{pmatrix} \begin{pmatrix} a_0 \\ a_1 \\ a_2 \end{pmatrix} = \begin{pmatrix} 370 \\ 427 \\ 64 \end{pmatrix}$$

となる。したがって

$$\begin{pmatrix} a_0 \\ a_1 \\ a_2 \end{pmatrix} = \frac{1}{12} \begin{pmatrix} 13 & -20 & 58 \\ 7 & -8 & 13 \\ -8 & 10 & -20 \end{pmatrix} \begin{pmatrix} 370 \\ 427 \\ 64 \end{pmatrix} = \begin{pmatrix} -1.5 \\ 0.5 \\ 2.5 \end{pmatrix}$$

となり、重回帰式は

$$y = 0.5x_1 + 2.5x_2 - 1.5$$

と与えられる。

それでは、この回帰式が予測に役立つのかどうかを、F 検定により調べてみよう。そこで、回帰式をもとに、表 10-10 をつくり分散分析に必要な統計量をつくる。

表 10-10

i	x_{1i}	x_{2i}	y_i	$\hat{y}_i$	$\hat{y}_i - \bar{y}$	$y_i - \hat{y}_i$
1	2	3	7	7.0	−9.0	0
2	4	6	15	15.5	−0.5	−0.5
3	6	7	20	19.0	3.0	1.0
4	8	8	22	22.5	6.5	−0.5

これらのデータより

$$S_R = \sum_{i=1}^{n}(\hat{y}_i - \bar{y})^2 = 132.5 \qquad S_E = \sum_{i=1}^{n}(y_i - \hat{y}_i)^2 = 1.5$$

$$V_R = \frac{\sum_{i=1}^{n}(\hat{y}_i - \bar{y})^2}{2} = \frac{S_R}{2} = 66.25 \qquad V_E = \frac{\sum_{i=1}^{n}(y_i - \hat{y}_i)^2}{n-3} = \frac{S_E}{n-3} = \frac{1.5}{1} = 1.5$$

となり

$$\frac{V_R}{V_E} = \frac{66.25}{1.5} \cong 44.17$$

となる。よって、分散分析表は表 10-11 のようになる。

表 10-11　AOV 表

	平方和	自由度	不偏分散	分散比 (F_0)
回帰変動	S_R	$\phi = 2$	$V_R = 66.25$	$V_R / V_E = 44.17$
誤差変動	S_E	$\phi = 1$	$V_E = 1.5$	

ただし、全変動 S_T の自由度 ϕ は 3 である。

ここで

$$H_0: \textbf{回帰直線は予測に役立たない}$$

という帰無仮説をたてる。

分散比 F_0 は、自由度が (2, 1) の F 分布に従う。ここで、右すそ面積が 5%となるしきい値は Microsoft EXCEL より

$$\text{F.INV}(0.95, 2, 1) = 199.5$$

となる。よって、分散比 (F_0) は

$$44.17 < 199.5$$

の領域にあるので、採択域にあり、帰無仮説は棄却できない。つまり、有意水準 5%では、いま求めた重回帰式は予測に役立たないという結論になる。

演習 10-3　表 10-12 に示したデータから重回帰式は 4 章の演習 4-6 で求めたように

$$y = 1.75x_1 + 1.35x_2 - 0.55$$

と与えられる。有意水準 5%で、その有効性を検定せよ。

表 10-12

x_1	x_2	y
2	3	7
3	6	13
4	7	15
5	8	20
6	9	22
7	10	25

解）　重回帰式

$$y = 1.75x_1 + 1.35x_2 - 0.55$$

を用いて次のような表をつくる。

表 10-13

i	x_{1i}	x_{2i}	y_i	$\hat{y}_i$	$\hat{y}_i - \overline{y}$	$y_i - \hat{y}_i$
1	2	3	7	7.0	−10	0
2	3	6	13	12.8	−4.2	0.2
3	4	7	15	15.9	−1.1	−0.9
4	5	8	20	19.0	2.0	1.0
5	6	9	22	22.1	5.1	−0.1
6	7	10	25	25.2	8.2	−0.2

これらのデータより分散分析表に必要な統計量を求めていくと

$$S_R = \sum_{i=1}^{n} (\hat{y}_i - \overline{y})^2 = 216.1 \qquad S_E = \sum_{i=1}^{n} (y_i - \hat{y}_i)^2 = 1.9$$

$$V_R = \frac{\sum_{i=1}^{n} (\hat{y}_i - \overline{y})^2}{2} = \frac{S_R}{2} = 108.1 \qquad V_E = \frac{\sum_{i=1}^{n} (y_i - \hat{y}_i)^2}{n-3} = \frac{S_E}{n-3} = \frac{1.9}{3} = 0.633$$

より

$$\frac{V_R}{V_E} = \frac{108.1}{0.633} = 170.6$$

よって、分散分析表は表 10-14 のようになる。

表 10-14　AOV 表

	平方和	自由度	不偏分散	分散比 (F_0)
回帰変動	S_R	$\phi = 2$	$V_R = 108.1$	$V_R / V_E = 170.6$
誤差変動	S_E	$\phi = 3$	$V_E = 0.633$	

ただし、全変動 S_T の自由度 ϕ は 5 である。

ここで、分散比 F_0 は、自由度が $(2, 3)$ の F 分布に従う。ここで、右すそ面積が 5%となるしきい値は Microsoft EXCEL より

$$\text{F.INV}\,(0.95, 2, 3) = 9.55$$

となる。よって、分散比 (F_0) は

$$170.6 > 9.55$$

の領域にあるので、帰無仮説は棄却され、有意水準5%で重回帰式は予測に役立つという結論になる。

多変量解析については、コンピュータを利用して行うのが一般である。なぜなら、標本数が少ない場合でも、手計算でその解析を行おうとすると大変な手間と労力を要するからである。しかし、解析操作がブラックボックス化してしまうと、誤った結論を出しても気づかない場合が出てくる。よって、その基礎をしっかり理解することが必要となる。

第 11 章　t 分布の確率密度関数

第 11 章から 13 章では、いままで推測統計や検定に利用してきた t 分布、χ^2 分布、F 分布の数学的な取り扱いについて紹介する。

これら分布の**確率密度関数** (probability density function) は、見た目では複雑なかたちをしており、近寄りがたい印象を与える。このため、統計応用では、関数のかたちには言及せずにブラックボックス (black box) 的に、結果のみを利用することも多い。

しかし、それでは真の理解を得られない。まず、これら分布は正規分布を基礎としているという事実がある。そして、その確率密度関数にもきちんとした由来がある。t 分布は、正規分布に属する標本の平均が従う分布である。χ^2 分布は、分散の分布に対応しており、F 分布は分散の比に対応している。これらの関係を理解していればそれぞれの確率密度関数の理解も深まるはずである。ぜひ、チャレンジしてみてほしい。

本章では、まず、t 分布の確率密度関数がどのようなものかを紹介する。t 分布は、正規分布と密接な関係にある。両者のグラフを描くと図 11-1 に示すようになる。図からわかるように、これら分布はよく似ている。上述したように、正規分布に属する標本の平均が従うのが t 分布である。標本数が増えると、t 分布は正規分布に近づいていく。

また、確率分布の表現において重要な役割を演じる**ガンマ関数** (gamma function) ならびに**ベータ関数** (beta function) についても、その定義と利用方法を紹介する。

これら特殊関数も近寄りがたいという印象を持つ人が多いが、じっくり取り組めば確実に理解できるうえ、理工数学への応用において、とても有用な存在であることが理解できるはずである。

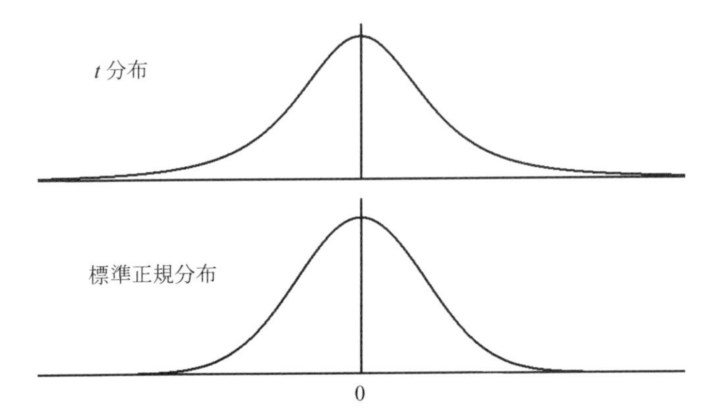

図 11-1　t 分布と正規分布のグラフ：正規分布に属する集団から標本を取り出し、平均値を求めたときの分布が、t 分布となる。その分布は標本数（あるいは自由度）に依存して変化する。この図では、自由度 10（標本数 11）の t 分布を示している。

11. 1.　t 分布の確率密度関数

正規分布の確率密度関数は

$$f(x)=\frac{1}{\sqrt{2\pi}}\exp\left(-\frac{x^2}{2}\right)$$

であった。一方、t 分布は成分数 n によって変化し、確率密度関数は自由度を m とすると

$$f(x)=T_m\left(1+\frac{x^2}{m}\right)^{-\frac{m+1}{2}} \qquad (m\geq 1)$$

と与えられる。6 章ならびに 7 章では、自由度を $\phi=n-1$ と表記していたが、ここでは、今後の計算のために自由度を m と表記していることに注意されたい。また定数項の T_m は m に依存して

$$T_m=\frac{\Gamma\left(\frac{m+1}{2}\right)}{\sqrt{m\pi}\,\Gamma\left(\frac{m}{2}\right)}$$

という**ガンマ関数** (Γ gamma function) の比で与えられる。そこで、ここでは、まずガンマ関数を紹介する。

11. 2.　ガンマ関数

ガンマ関数とは**特殊関数** (special function) の一種であり、その定義は

$$\Gamma(q)=\int_0^\infty t^{q-1}e^{-t}\,dt \qquad (\, q>0\,)$$

という積分となる。

演習 11-1　$\Gamma(1)$ および $\Gamma(1/2)$ を計算せよ。

解）
$$\Gamma(1)=\int_0^\infty t^{1-1}e^{-t}\,dt=\int_0^\infty e^{-t}\,dt=\left[-e^{-t}\right]_0^\infty=1$$

$$\Gamma(1/2)=\int_0^\infty t^{\frac{1}{2}-1}e^{-t}\,dt=\int_0^\infty t^{-\frac{1}{2}}e^{-t}\,dt$$

となるが、$t=x^2$ と変数変換すると $dt=2x\,dx$

$$\Gamma(1/2)=2\int_0^\infty e^{-x^2}dx$$

これは、ガウス積分であり

$$\int_0^\infty e^{-x^2}dx=\frac{1}{2}\int_{-\infty}^\infty e^{-x^2}dx=\frac{1}{2}\sqrt{\pi}$$

から

$$\Gamma(1/2)=\sqrt{\pi}$$

となる。

ガンマ関数は、**階乗関数** (factorial function) とも呼ばれ

$$\Gamma(q+1)=q\Gamma(q)$$

という性質を有する。

演習 11-2　$\Gamma(q+1)=q\Gamma(q)$ となることを確かめよ。ただし、$q \geq 0$ である。

解）　定義 $\Gamma(q)=\int_0^{\infty} t^{q-1}e^{-t}\,dt$ から

$$\Gamma(q+1)=\int_0^{\infty} t^{q} e^{-t}\,dt$$

右辺に部分積分を適用すると

$$\int_0^{\infty} t^{q} e^{-t}\,dt=\left[-t^{q}e^{-t}\right]_0^{\infty}+q\int_0^{\infty} t^{q-1} e^{-t}\,dt$$

ここで、右辺の第 1 項は 0 であるので

$$\Gamma(q+1)=q\Gamma(q)$$

が成立する。

演習 11-3　q が整数 m のとき　$\Gamma(m+1)=m!$ が成立することを示せ。

解）　まず、**漸化式** (recurrence formula) から

$$\Gamma(2)=1\Gamma(1)=1 \qquad \Gamma(3)=2\Gamma(2)=2$$

となる。つぎに

$$\Gamma(m+1)=m\Gamma(m)=m(m-1)\Gamma(m-1)$$

のように降下していけば

$$\Gamma(m+1)=m!$$

となる。

つまり、多くのガンマ関数は漸化式を使って、簡単に計算できることになる。また、$\Gamma(q+1)=q\Gamma(q)$ という関係は、q が整数ではない場合にも成立する便利な関係である。

演習 11-4　t 分布の確率密度関数の定数項である T_m の自由度　$m=1, 2, 3$ に対応した値を計算せよ。

解)　$T_m = \dfrac{\Gamma\{(m+1)/2\}}{\sqrt{m\pi}\ \Gamma(m/2)}$　であったので

$$T_1 = \frac{\Gamma(1)}{\sqrt{\pi}\ \Gamma\left(\dfrac{1}{2}\right)} = \frac{1}{\sqrt{\pi}\cdot\sqrt{\pi}} = \frac{1}{\pi}$$

$T_2 = \dfrac{\Gamma\left(\dfrac{3}{2}\right)}{\sqrt{2\pi}\ \Gamma(1)}$　となるが

$$\Gamma\left(\frac{3}{2}\right) = \frac{1}{2}\Gamma\left(\frac{1}{2}\right) = \frac{\sqrt{\pi}}{2}\quad \text{から}\quad T_2 = \frac{1}{2\sqrt{2}}$$

$T_3 = \dfrac{\Gamma(2)}{\sqrt{3\pi}\Gamma\left(\dfrac{3}{2}\right)}$　となるが　$\Gamma(2) = 1$　であるから

$$T_3 = \frac{1}{\sqrt{3\pi}\ \dfrac{\sqrt{\pi}}{2}} = \frac{2}{\sqrt{3}\pi}$$

となる。

演習 11-5　t 分布に対応した確率密度関数が**偶関数** (even function) であることを確かめよ。

解)　$f(x) = T_m\left(1+\dfrac{x^2}{m}\right)^{-\frac{m+1}{2}}$ の x に $-x$ を代入してみると

$$f(-x) = T_m\left(1+\frac{(-x)^2}{m}\right)^{-\frac{m+1}{2}} = T_m\left(1+\frac{x^2}{m}\right)^{-\frac{m+1}{2}} = f(x)$$

となるので、この関数は偶関数であることがわかる。

よって、t 分布は、$x=0$ に関して左右対称である。また

$$f(x) = \frac{T_m}{\left(1 + \dfrac{x^2}{m}\right)^{\frac{m+1}{2}}}$$

と書くと明らかなように、$x \to \pm\infty$ で $f(x) \to 0$ となることもわかる。

11. 3. t 分布の形状

ここで、自由度が $m = 3$ の場合には、演習 11-4 で求めたように $T_3 = 2 \big/ (\sqrt{3}\pi)$

である。よって

$$f(x) = \frac{T_3}{\left(1 + \dfrac{x^2}{3}\right)^2} = \frac{2}{\sqrt{3}\pi \left(1 + \dfrac{x^2}{3}\right)^2}$$

が自由度 3 の t 分布に対応した確率密度関数である。

演習 11-6　自由度 3 の t 分布のグラフ形状を調べよ。

解)　増減表を求めてみよう。まず微分をとると

$$f'(x) = -\frac{8}{3\sqrt{3}\pi} \frac{x}{\left(1 + \dfrac{x^2}{3}\right)^3}$$

となって、負の符号がついているので、$x > 0$ の範囲では $f'(x) < 0$、 $x < 0$ の範囲では $f'(x) > 0$ となる。また、$x = 0$ で $f'(x) = 0$ となり、極大値を与える。

つぎに、2 階導関数を求めると

$$f''(x) = -\frac{8}{3\sqrt{3}\pi} \frac{1 - \dfrac{5}{3}x^2}{\left(1 + \dfrac{x^2}{3}\right)^4}$$

ここで $f''(x) = 0$ となる点 x を求めると

$$1-\frac{5}{3}x^2=0 \quad より \quad x=\pm\sqrt{\frac{3}{5}}$$

となる。よって、このグラフは

$$f(0)=\frac{2}{\sqrt{3}\pi}$$

に頂点を有し、中心から離れるに従って単調減少し、次第に 0 に漸近するグラフとなる。また、$x=\pm\sqrt{3/5}$ に変曲点を有し、この前後で上に凸から下に凸のグラフに変化する。増減表は表 11-1 のようになる。

表 11-1　増減表

x	$-\infty$		$-\sqrt{3/5}$		0		$\sqrt{3/5}$		$+\infty$
$f(x)$	0	↗		↗	$2/(\sqrt{3}\pi)$	↘		↘	0
$f'(x)$		+		+	0	−		−	
$f''(x)$			0				0		

また、グラフは図 11-2 に示したようになる。標準正規分布より背が低く、より裾野の拡がった分布となることがわかる。

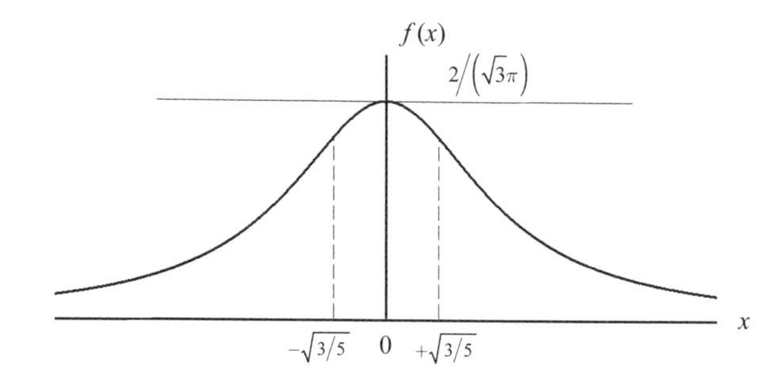

図 11-2　自由度 $m=3$ の t 分布の確率密度関数

11. 4.　t 分布の平均と分散

それでは、t 分布の確率密度関数に従う確率変数の平均と分散を求めてみよう。

演習 11-7　t 分布に従う確率変数 t の平均を求めよ。

解）　この確率密度関数は

$$f(x) = T_m \left(1 + \frac{x^2}{m}\right)^{-\frac{m+1}{2}} \qquad \text{ただし} \quad T_m = \frac{\Gamma\left(\dfrac{m+1}{2}\right)}{\sqrt{m\pi}\,\Gamma\left(\dfrac{m}{2}\right)}$$

のかたちをしている。関数 $f(x)$ は偶関数であるから $x f(x)$ は奇関数となるので

$$E[x] = \int_{-\infty}^{+\infty} x\, f(x)\, dx = 0$$

となり、平均値は 0 となる。

演習 11-8　t 分布に従う確率変数 t の分散を積分形で求めよ。

解）　t 分布の平均は 0 であるから、分散 $V[x]$ は確率密度関数を $f(x)$ として

$$V[x] = E[x^2] = \int_{-\infty}^{+\infty} x^2 f(x)\, dx$$

と与えられる。したがって

$$V[x] = E[x^2] = \int_{-\infty}^{+\infty} T_m x^2 \left(1 + \frac{x^2}{m}\right)^{-\frac{m+1}{2}} dx$$

となり、被積分関数は偶関数であるから

$$V[x] = 2\int_{0}^{+\infty} T_m x^2 \left(1 + \frac{x^2}{m}\right)^{-\frac{m+1}{2}} dx$$

と置くことができる。

$t=\left(1+\dfrac{x^2}{m}\right)^{-1}$ という変数変換を行うと $1+\dfrac{x^2}{m}=\dfrac{1}{t}$ であるから

$$x^2=m\left(\frac{1}{t}-1\right)$$

となる。両辺の微分をとると

$$2xdx=-\frac{m}{t^2}dt$$

また $x=0$ のとき $t=1$、$x=\infty$ のとき $t=0$ であるから

$$V[x]=2\int_0^{\infty}T_m x^2\left(1+\frac{x^2}{m}\right)^{-\frac{m+1}{2}}dx=\int_0^{\infty}T_m x\left(1+\frac{x^2}{m}\right)^{-\frac{m+1}{2}}2x\,dx$$

$$=\int_1^0 T_m\ x\,t^{\frac{m+1}{2}}\left(\frac{-m}{t^2}dt\right)$$

となる。$x=\sqrt{m\left(\dfrac{1}{t}-1\right)}$ であるから

$$V[x]=\int_0^1 T_m\sqrt{m\left(\frac{1}{t}-1\right)}\ t^{\frac{m+1}{2}}\left(\frac{m}{t^2}dt\right)=T_m\,m\sqrt{m}\int_0^1\sqrt{\left(\frac{1}{t}-1\right)}\ t^{\frac{m+1}{2}-2}dt$$

ここで被積分関数を整理すると

$$\sqrt{\left(\frac{1}{t}-1\right)}\ t^{\frac{m+1}{2}-2}=\sqrt{\frac{1-t}{t}}\ t^{\frac{m-3}{2}}=(1-t)^{\frac{1}{2}}t^{-\frac{1}{2}}t^{\frac{m-3}{2}}=t^{\frac{m-4}{2}}(1-t)^{\frac{1}{2}}$$

となるので

$$V[x]=T_m\,m\sqrt{m}\int_0^1 t^{\frac{m-4}{2}}(1-t)^{\frac{1}{2}}dt$$

となる。

これが、t 分布の分散であるが、一見、複雑なかたちをしている。実は、数学では、この種の積分は頻出し、**ベータ関数** (beta function) による解法が確立されている。

11.5.　t 分布の分散の導出

そこで、ここではベータ関数の導入をまず行う。ベータ関数とは

$$B(p,q)=\int_0^1 t^{p-1}(1-t)^{q-1}\,dt \qquad (p>0, q>0)$$

という積分によって定義される関数である。こんな面倒な関数を、なぜわざわざ定義するのだろうと疑問に思うかもしれないが、実は、このかたちの積分は、いろいろな分野で顔を出すうえ、ベータ関数には計算が簡単という効用がある。

ここで、先ほどの分散に関する被積分関数を、次のように変形してみよう。

$$V[x]=T_m m\sqrt{m}\int_0^1 t^{\left(\frac{m}{2}-1\right)-1}(1-t)^{\frac{3}{2}-1}\,dt$$

この式は、ベータ関数を使うと

$$V[x]=T_m m\sqrt{m}\;B\left(\frac{m}{2}-1,\ \frac{3}{2}\right)$$

と書くことができる。

ここで、重要な性質は、ベータ関数と、先ほど紹介したガンマ関数の間には

$$B(p,q)=\frac{\Gamma(p)\Gamma(q)}{\Gamma(p+q)}$$

という関係が成立することである。この導出は、11.7.節で行う。

つまり、ベータ関数は、ガンマ関数で与えられ、ガンマ関数は簡単に計算できるので、ベータ関数の計算も可能となる。

この関係を使って、先ほどの分散の式を変形すると

$$V[x]=T_m m\sqrt{m}\frac{\Gamma\left(\frac{m}{2}-1\right)\Gamma\left(\frac{3}{2}\right)}{\Gamma\left(\frac{m}{2}+\frac{1}{2}\right)}$$

となる。

演習 11-9　t 分布に従う確率変数 t の分散を求めよ。ただし、定数項 T_m は

$$T_m = \frac{\Gamma\left(\dfrac{m+1}{2}\right)}{\sqrt{m\pi}\ \Gamma\left(\dfrac{m}{2}\right)}$$

と与えられる。

解）　上記の定数項の表式を $V[x]$ に代入すると

$$V[x] = m\sqrt{m}\frac{\Gamma\left(\dfrac{m+1}{2}\right)}{\sqrt{m\pi}\Gamma\left(\dfrac{m}{2}\right)}\frac{\Gamma\left(\dfrac{m}{2}-1\right)\Gamma\left(\dfrac{3}{2}\right)}{\Gamma\left(\dfrac{m+1}{2}\right)} = m\frac{\Gamma\left(\dfrac{m}{2}-1\right)\Gamma\left(\dfrac{3}{2}\right)}{\sqrt{\pi}\Gamma\left(\dfrac{m}{2}\right)}$$

となる。ここで漸化式を使うと

$$\Gamma\left(\frac{m}{2}\right) = \Gamma\left(\left(\frac{m}{2}-1\right)+1\right) = \left(\frac{m}{2}-1\right)\Gamma\left(\frac{m}{2}-1\right)$$

であり

$$\Gamma\left(\frac{3}{2}\right) = \frac{\sqrt{\pi}}{2}$$

であるから

$$V[x] = m\frac{\Gamma\left(\dfrac{m}{2}-1\right)\dfrac{\sqrt{\pi}}{2}}{\sqrt{\pi}\left(\dfrac{m}{2}-1\right)\Gamma\left(\dfrac{m}{2}-1\right)} = \frac{m}{m-2}$$

となる。

以上のように、t 分布に対応した確率密度関数の平均は 0 で、分散は自由度を m としたとき

$$V[x] = \frac{m}{m-2}$$

となる。ここで、標準正規分布では平均が 0 で分散が 1 であった。t 分布による

統計推定や検定のところで紹介したように、標本数が大きくなれば、近似的に標準正規分布とみなしてよいと説明した。その目安は $n>30$ 程度とされているが実際に計算してみると、$m=n-1=29$ から

$$V[x]=\frac{m}{m-2}=\frac{29}{27}=1.074$$

となる。さらに、n が大きくなれば t 分布の分散は次第に 1 に近づいていく。参考までに結果を示すと

$$n=100 \quad で \quad V[x]=1.02 \qquad n=1000 \quad で \quad V[x]=1.002$$

となる。

このように t 分布と標準正規分布とは相似の関係にありながら、不思議なことに、見た目の確率密度関数のかたちが異なっているのである。

11. 6. 正規分布と t 分布

確認の意味で、標準正規分布と t 分布の確率密度関数を並べてみると

標準正規分布 $f(x)=\dfrac{1}{\sqrt{2\pi}}\exp\left(-\dfrac{x^2}{2}\right)$

t 分布 $f(x)=T_m\left(1+\dfrac{x^2}{m}\right)^{-\frac{m+1}{2}}$ $\qquad T_m=\dfrac{\Gamma\left(\dfrac{m+1}{2}\right)}{\sqrt{m\pi}\;\Gamma\left(\dfrac{m}{2}\right)}$

となっていて一見しただけでは何の関連性もない。しかしながら、グラフ化するとよく似ているうえ、m の数が増えると両者は一致することが確かめられる。

実は、これら 2 つの確率密度関数には密接な関係がある。そのヒントが指数関数の定義の

$$e=\lim_{n\to\infty}\left(1+\frac{1}{n}\right)^n$$

である。

実は t 分布も $m=n-1$ が無限大になった極限では、その確率密度関数が指数関数になる。

演習 11-10　e の定義式をもとに e^x のかたちを導出せよ。

解)　$e = \lim_{n \to \infty}\left(1 + \dfrac{1}{n}\right)^n$　をもとに、e^x を求めると

$$e^x = \left(\lim_{n \to \infty}\left(1 + \frac{1}{n}\right)^n\right)^x = \lim_{n \to \infty}\left(1 + \frac{1}{n}\right)^{nx}$$

となる。

ここで $p = nx$ と置き換えると

$$e^x = \lim_{n \to \infty}\left(1 + \frac{1}{n}\right)^{nx} = \lim_{p \to \infty}\left(1 + \frac{x}{p}\right)^p$$

となる。

ここまで来ると、正規分布の確率密度関数と t 分布の確率密度関数の共通点が見えてくる。これを正規分布に対応した指数関数に当てはめれば

$$\exp(-x^2) = \left(\lim_{n \to \infty}\left(1 + \frac{1}{n}\right)^n\right)^{-x^2} = \lim_{n \to \infty}\left(1 + \frac{1}{n}\right)^{-nx^2}$$

となるが、$q = nx^2$ と置き換えると

$$\exp\left(-x^2\right) = \lim_{q \to \infty}\left(1 + \frac{x^2}{q}\right)^{-q}$$

となる。この右辺において q が無限大の極限が正規分布の指数関数となるが、その数が小さいときには

$$f(x) = A\left(1 + \frac{x^2}{q}\right)^{-q}$$

となるのである。

これは、まさに t 分布の確率密度関数の基本形である。もちろん、これを実際の分布に適合させるためには修正が必要となるが、正規分布と t 分布が、e の定義そのものから、標本数の大小によって、その根底でつながっていることがわかる。

11.7. ベータ関数

ベータ関数は、すでに紹介したように

$$B(m,n)=\int_0^1 t^{m-1}(1-t)^{n-1}\,dt \qquad (m>0,\ n>0)$$

と与えられる。この定義から、ただちに

$$B(1,1)=\int_0^1 1\,dt=1 \qquad B(2,1)=\int_0^1 t\,dt=\left[\frac{t^2}{2}\right]_0^1=\frac{1}{2}$$

などの値が得られる。

一方、ガンマ関数の定義は

$$\Gamma(m)=\int_0^\infty t^{m-1}e^{-t}dt \qquad (m>0)$$

であり、ベータ関数とガンマ関数には

$$B(m,n)=\frac{\Gamma(m)\,\Gamma(n)}{\Gamma(m+n)}$$

という関係があることがわかっている。ガンマ関数の値は、本章でも紹介したように簡単に計算できるので、ベータ関数も計算が可能となる。本節では、この関係を導出する。

演習 11-11 ベータ関数の積分において、$t=\cos^2\theta$ と変数変換せよ。

$$B(m,n)=\int_0^1 t^{m-1}(1-t)^{n-1}\,dt$$

解） 積分範囲は $0\le t\le 1$ であるから $\pi/2\le\theta\le 0$ となる。また

$$1-t=1-\cos^2\theta=\sin^2\theta$$

である。さらに

$$dt=-2\cos\theta\sin\theta\,d\theta$$

であるから

$$B(m, n) = \int_{\pi/2}^{0} \cos^{2(m-1)}\theta \sin^{2(n-1)}\theta \ (-2\cos\theta\sin\theta d\theta)$$

$$= 2\int_{0}^{\pi/2} \cos^{2m-1}\theta \sin^{2n-1}\theta \ d\theta$$

と与えられる。

これが、ベータ関数の三角関数による定義である。この関係から

$$B\left(\frac{1}{2}, \frac{1}{2}\right) = 2\int_{0}^{\pi/2} 1 \ d\theta = 2\left[\theta\right]_{0}^{\pi/2} = \pi$$

となることもわかる。

それでは、ガンマ関数との関係を見ていく。ガンマ関数を

$$\Gamma(m) = \int_{0}^{\infty} t^{m-1} e^{-t} dt \qquad \Gamma(n) = \int_{0}^{\infty} u^{n-1} e^{-u} du$$

と置いて、積をとると

$$\Gamma(m)\Gamma(n) = \int_{0}^{\infty} t^{m-1} e^{-t} dt \int_{0}^{\infty} u^{n-1} e^{-u} du$$

と与えられる。

演習 11-12　$\Gamma(m) = \int_{0}^{\infty} t^{m-1} e^{-t} dt$ に対して $t = x^2$ という変数変換を施せ。

解）

$$dt = 2xdx$$

であるので

$$\Gamma(m) = \int_{0}^{\infty} x^{2m-2} \exp(-x^2)(2xdx) = 2\int_{0}^{\infty} x^{2m-1} \exp(-x^2) dx$$

となる。

同様に、$u = y^2$ と置くと

$$\Gamma(n)=2\int_0^{\infty} y^{2n-1}\exp(-y^2)dy$$

となる。よって

$$\Gamma(m)\Gamma(n)=4\int_0^{\infty} x^{2m-1}\exp(-x^2)\,dx\int_0^{\infty} y^{2n-1}\exp(-y^2)\,dy$$

から、まとめると

$$\Gamma(m)\Gamma(n)=4\int_0^{\infty}\int_0^{\infty} x^{2m-1}y^{2n-1}\exp\{-(x^2+y^2)\}dxdy$$

となる。

ここで、極座標に変換する。

$$x=r\cos\phi \qquad y=r\sin\phi$$

と置くと、積分範囲は

$$0\le x\le\infty,\ 0\le y\le\infty \quad\to\quad 0\le r\le\infty,\ 0\le\phi\le\pi/2$$

さらに

$$dx\,dy\to r\,dr\,d\phi$$

となるので

$$\Gamma(m)\Gamma(n)=4\int_0^{\pi/2}\int_0^{\infty}(r\cos\phi)^{2m-1}(r\sin\phi)^{2n-1}\exp(-r^2)\,r\,dr\,d\phi$$

のように変換できる。

ここで r と ϕ の積分に分けると

$$\Gamma(m)\Gamma(n)=2\int_0^{\infty} r^{2(m+n)-1}\exp(-r^2)dr\cdot 2\int_0^{\pi/2}(\cos\phi)^{2m-1}(\sin\phi)^{2n-1}d\phi$$

となる。ここで

$$2\int_0^{\infty} r^{2(m+n)-1}\exp(-r^2)dr=\Gamma(m+n)$$

$$2\int_0^{\pi/2}(\cos\phi)^{2m-1}(\sin\phi)^{2n-1}d\phi=B(m,n)$$

であるから

$$\Gamma(m)\,\Gamma(n)=B(m,n)\,\Gamma(m+n)$$

という関係が得られる。したがって、ベータ関数は、つぎのようなガンマ関数の比として与えられる。

$$B(m, n) = \frac{\Gamma(m)\,\Gamma(n)}{\Gamma(m+n)}$$

これが冒頭で紹介した関係式である。

ところで、 t 分布の確率密度関数の定数項はガンマ関数で表現されているが、ベータ関数を使って表記することもできる。

演習 11-13　つぎの t 分布の定数項をベータ関数で表現せよ。

$$T_n = \frac{\Gamma\left(\dfrac{n+1}{2}\right)}{\sqrt{n\pi}\ \Gamma\left(\dfrac{n}{2}\right)}$$

解）　このままでは、ベータ関数に対応させることはできないが、分母を見ると $\sqrt{n\pi}$ がある。ここで

$$\sqrt{\pi} = \Gamma\left(\frac{1}{2}\right)$$

であったから

$$T_n = \frac{\Gamma\left(\dfrac{n+1}{2}\right)}{\sqrt{n\pi}\,\Gamma\left(\dfrac{n}{2}\right)} = \frac{\Gamma\left(\dfrac{n+1}{2}\right)}{\sqrt{n}\,\Gamma\left(\dfrac{n}{2}\right)\Gamma\left(\dfrac{1}{2}\right)}$$

と置くことができる。ベータ関数の定義から

$$B\left(\frac{n}{2}, \frac{1}{2}\right) = \frac{\Gamma\left(\dfrac{n}{2}\right)\Gamma\left(\dfrac{1}{2}\right)}{\Gamma\left(\dfrac{n+1}{2}\right)}$$

となるから、結局、t 分布の定数項は

$$T_n = \frac{1}{\sqrt{n}\ B\left(\frac{n}{2}, \frac{1}{2}\right)}$$

と与えられる。

教科書によっては、t 分布の定数項として、ベータ関数の式を採用することもある。

ガンマ関数ならびにベータ関数は、数学応用上、非常に有用な特殊関数であり、χ^2 分布や F 分布の確率密度関数の応用でも活躍する。これについては、12, 13 章で紹介する。

第 12 章　χ^2 分布の確率密度関数

正規分布に属する母集団から取り出した標本データをもとに、母分散を統計的に解析する際に利用するのが、χ^2 分布であった。

12. 1.　χ^2 の定義とは

まず、χ^2 の定義から復習すると

$$\chi^2 = \frac{(x_1 - \bar{x})^2}{\sigma^2} + \frac{(x_2 - \bar{x})^2}{\sigma^2} + \ldots + \frac{(x_n - \bar{x})^2}{\sigma^2}$$
$$= \sum_{i=1}^{n} \frac{(x_i - \bar{x})^2}{\sigma^2}$$

という和であった。分母の σ^2 は母分散である。標本分散 V は

$$V = \sum_{i=1}^{n} \frac{(x_i - \bar{x})^2}{n}$$

であるから χ^2 は

$$\chi^2 = \sum_{i=1}^{n} \frac{(x_i - \bar{x})^2}{\sigma^2} = \frac{n}{\sigma^2} \sum_{i=1}^{n} \frac{(x_i - \bar{x})^2}{n} = n\frac{V}{\sigma^2}$$

と与えられる。

したがって χ^2 の分布がわかれば、標本分散 V から、母分散 σ^2 の推定ができるのである。また、χ^2 は標本数 n によって変化する。ただし、統計的には、標本数ではなく、自由度を使って表示するのが一般的である。このとき

$$\chi^2 = \sum_{i=1}^{n} \frac{(x_i - \bar{x})^2}{\sigma^2}$$

という式では、標本平均を使っているので自由度 ϕ は $n-1$ のように成分数よりも 1 個減る。これは、すでに紹介したように、標本平均を使う時点で自由度が減

るためである。よって

$$\chi^2(n=2)=\chi^2(\phi=1) \qquad \chi^2(n=3)=\chi^2(\phi=2)$$

$$\ldots \quad \chi^2(n=n)=\chi^2(\phi=n-1)$$

という関係にある。

ところで、正規分布では、標本平均は、母平均の不偏推定値であったから

$$\chi^2=\sum_{i=1}^{n}\frac{(x_i-\mu)^2}{\sigma^2}$$

という式を使う場合もある。このときは、母平均 μ を使っているので、標本の数がそのまま自由度になり、自由度は $\phi=n$ となることに注意されたい。ただし、実際の統計解析においては、母平均 μ はわからないので、標本平均のほうの式を使うことになる。

ここで、χ^2 のすべての項は正であるから、その定義域は正の領域となる。また、標本の数が増えるに従って、その値が大きくなっていく傾向にあることもわかる。

12.2. χ^2 分布の確率密度関数

それでは、χ^2 の分布がどうなるかを考えてみよう。まず、成分は正規分布に属していることが基本である。

ここで、正規母集団の平均 μ を使った χ^2 の式

$$\chi^2=\sum_{i=1}^{n}\frac{(x_i-\mu)^2}{\sigma^2}$$

の成分を見ると、正規分布の確率密度関数

$$f(x)=\frac{1}{\sigma\sqrt{2\pi}}\exp\left(-\frac{(x-\mu)^2}{2\sigma^2}\right)$$

の指数関数のべき (power) と同じかたちをしていることに気づく。

そこで

$$z=\frac{(x-\mu)^2}{\sigma^2}$$

という変数変換をしてみる。

すると、正規分布の確率密度関数は

$$\frac{1}{\sigma\sqrt{2\pi}}\exp\left(-\frac{z}{2}\right)$$

と変形できる。実は、χ^2 分布の確率密度関数は、この指数関数のかたち $\exp(-z/2)$ に従うのである。

演習 12-1　正規分布の $\int f(x)\,dx$ に対応した $\int F(z)\,dz$ を求め、関数 $F(z)$ を導出せよ。

解）

$$z = \frac{(x-\mu)^2}{\sigma^2} \qquad \text{から} \qquad dz = \frac{2(x-\mu)}{\sigma^2}dx$$

また

$$x-\mu = \sigma\sqrt{z} \qquad \text{から} \qquad dz = \frac{2\sqrt{z}}{\sigma}dx$$

したがって

$$f(x)\,dx = F(z)\left(\frac{\sigma}{2\sqrt{z}}\right)dz$$

となる。よって

$$\int F(z)\,dz = \int \frac{1}{\sqrt{8\pi}} z^{-\frac{1}{2}} \exp\left(-\frac{z}{2}\right)dz$$

となり、結局

$$F(z) = \frac{1}{\sqrt{8\pi}} z^{-\frac{1}{2}} \exp\left(-\frac{z}{2}\right)$$

となる。

これが、単純な置き換えによる χ^2 分布の確率密度関数である。ただし、χ^2 分布は自由度によって変化するので、その影響を取り入れる必要がある。

12. 3.　自由度に依存した関数

自由度 m を取り入れた χ^2 分布の確率密度関数は次式となることがわかっている。

$$f(x) = K_m\, x^{\frac{m}{2}-1} \exp\left(-\frac{x}{2}\right)$$

これ以降は、数式展開のため、自由度の表記は ϕ ではなく m を使うことにする。ここで K_m は、自由度 m に依存する定数で、ガンマ関数を使うと

$$K_m = \frac{1}{2^{\frac{m}{2}}\, \Gamma\left(\frac{m}{2}\right)}$$

と与えられる。よって、自由度 m の χ^2 分布の確率密度関数の一般式は

$$f(x) = \frac{1}{2^{\frac{m}{2}}\, \Gamma\left(\frac{m}{2}\right)} x^{\frac{m}{2}-1} \exp\left(-\frac{x}{2}\right)$$

となる。

演習 12-2　χ^2 分布に対応した確率密度関数の一般式を用いて、自由度 $m = 1$ に対応した関数を求めよ。

解）　$m = 1$ なので

$$f(x) = K_1\, x^{\frac{1}{2}-1} \exp\left(-\frac{x}{2}\right) = K_1\, x^{-\frac{1}{2}} \exp\left(-\frac{x}{2}\right)$$

となる。定数項は

$$K_1 = \frac{1}{2^{\frac{1}{2}}\, \Gamma\left(\frac{1}{2}\right)} = \frac{1}{\sqrt{2\pi}}$$

となり、自由度 1 の χ^2 分布の確率密度関数は

$$f(x) = \frac{1}{\sqrt{2\pi}} x^{-\frac{1}{2}} \exp\left(-\frac{x}{2}\right)$$

と与えられる。

この式は、正規母集団から、標本 2 個を取り出して、標本平均からχ^2を求めた場合の確率密度関数である。

演習 12-3　χ^2 分布に対応した確率密度関数の一般式を用いて、自由度 $m=2$ に対応した関数を求めよ。

解）　$m=2$ なので

$$f(x)=K_2\, x^{\frac{2}{2}-1}\exp\left(-\frac{x}{2}\right)=K_2\,\exp\left(-\frac{x}{2}\right)$$

となる。定数項は

$$K_2=\frac{1}{2^{\frac{2}{2}}\Gamma\left(\frac{2}{2}\right)}=\frac{1}{2\Gamma(1)}$$

となるが、$\Gamma(1)=1$ であるから自由度 2 の χ^2 分布に対応した確率密度関数は

$$f(x)=\frac{1}{2}\exp\left(-\frac{x}{2}\right)$$

となる。

それでは、求めた関数が、確率密度関数の条件を満たしているかどうか、確かめてみよう。確率変数は正の値しかとらないので

$$\int_0^{\infty} f(x)\,dx=1$$

が条件となる。

演習 12-4　関数 $f(x)=\dfrac{1}{2}\exp\left(-\dfrac{x}{2}\right)$ を 0 から∞の範囲で積分せよ。

解）

$$\int_0^{\infty}\exp\left(-\frac{x}{2}\right)dx=\left[-2\,\exp\left(-\frac{x}{2}\right)\right]_0^{\infty}=0-(-2)=2$$

から

$$\int_0^\infty f(x)\,dx = \int_0^\infty \frac{1}{2}\exp\left(-\frac{x}{2}\right)dx = 1$$

が確かめられる。

自由度 1 と 2 の χ^2 分布に対応した確率密度関数は図 12-1 のようになる。ここで、いくつか注意点を挙げてみよう。まず、この図で $x=0$ の点を見ると、自由度 1 では ∞ に、自由度 2 では 0.5 となっている。$x=0$ とは単純に考えると、標本がすべて $x=\mu$ となることであるが、実は、x が連続の場合に注意する必要がある。それは、1 点の値に意味はなく

$$P\ (a \le x \le b) = \int_a^b f(x)\,dx$$

のように、x をある範囲 a から b まで積分したときに、この範囲に確率変数が入る確率が得られるということである。このとき、$x=a$ という 1 点では

$$P(x=a) = \int_a^a f(x)\,dx = 0$$

となって、意味をなさないという点である。

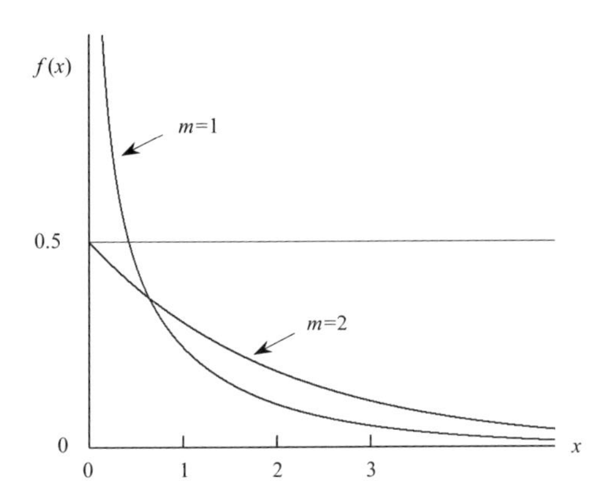

図 12-1　自由度が 1 および 2 の χ^2 分布の確率密度関数

よって、自由度 2 の χ^2 分布の確率密度関数では $f(0) = 1/2$ となっているが、この値に直接的な意味はないのである。

演習 12-5　自由度が 3, 4, 5 の χ^2 分布の確率密度関数を求め、グラフ化せよ。

解）　自由度 m の χ^2 分布の確率密度関数の一般式は

$$f(x) = K_m\, x^{\frac{m}{2}-1} \exp\left(-\frac{x}{2}\right)$$

で与えられる。よって自由度 3 では

$$f(x) = \frac{1}{2^{\frac{3}{2}}\,\Gamma\left(\frac{3}{2}\right)} x^{\frac{3}{2}-1} \exp\left(-\frac{x}{2}\right) = \frac{1}{2\sqrt{2}\,\Gamma\left(\frac{3}{2}\right)} \sqrt{x} \exp\left(-\frac{x}{2}\right)$$

であり、ガンマ関数の漸化式の性質から

$$\Gamma\left(\frac{3}{2}\right) = \frac{1}{2}\Gamma\left(\frac{1}{2}\right) = \frac{\sqrt{\pi}}{2}$$

と計算できるので

$$f(x) = \frac{1}{\sqrt{2\pi}} x^{\frac{1}{2}} \exp\left(-\frac{x}{2}\right)$$

となる。確率密度関数の一般式を見ると複雑であるが、実際の関数は、このように簡単になる。

同様にして自由度 4 の場合は

$$f(x) = \frac{1}{2^2\,\Gamma(2)}\, x \exp\left(-\frac{x}{2}\right) = \frac{1}{4} x \exp\left(-\frac{x}{2}\right)$$

自由度 5 の場合は

$$f(x) = \frac{1}{2^{\frac{5}{2}}\,\Gamma\left(\frac{5}{2}\right)} x^{\frac{5}{2}-1} \exp\left(-\frac{x}{2}\right) = \frac{1}{3\sqrt{2\pi}} x^{\frac{3}{2}} \exp\left(-\frac{x}{2}\right)$$

となりグラフは図 12-2 に示したようになる。

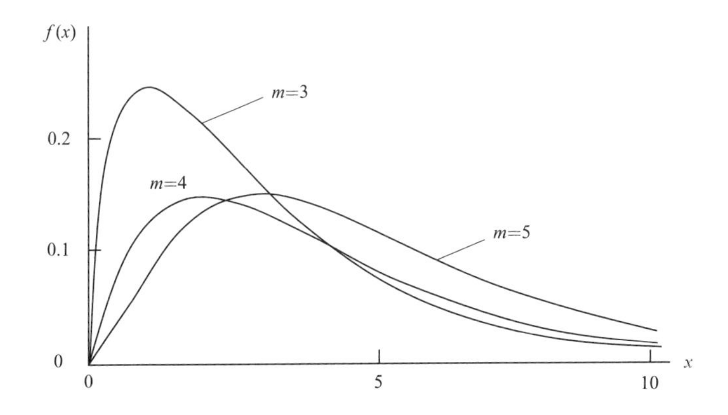

図 12-2　自由度が 3, 4, 5 の χ^2 分布のグラフ

このように、χ^2 分布の確率密度関数は、$\exp(-x/2)$ が基本となって、自由度の増加にともなって x のべきが $1/2$ ずつ増えていくという単純なものである。

12. 4.　期待値

それでは、χ^2 分布における期待値を求めてみよう。まず、自由度 m の χ^2 分布に従う確率変数 x の期待値は

$$E[x]=\int_{-\infty}^{+\infty} x\,f(x)\,dx=\int_0^{\infty} x\,K_m\,x^{\frac{m}{2}-1}\exp\left(-\frac{x}{2}\right)dx=\int_0^{\infty} K_m\,x^{\frac{m}{2}}\exp\left(-\frac{x}{2}\right)dx$$

となる。これは、平均を与える。

演習 12-6　ガンマ関数

$$\Gamma(z)=\int_0^{\infty} t^{z-1}e^{-t}dt$$

を利用して、上記積分を実行せよ。

解）　ガンマ関数において $t=x/2$ という変数変換を行う。すると $2dt=dx$ であるから

$$\Gamma(z) = \int_0^\infty \left(\frac{x}{2}\right)^{z-1} \exp\left(-\frac{x}{2}\right)\frac{dx}{2} = \left(\frac{1}{2}\right)^z \int_0^\infty x^{z-1} \exp\left(-\frac{x}{2}\right) dx$$

と変形できる。

　ここで、自由度 m の確率密度関数では x のべきが $m/2$ であるから、ガンマ関数に

$$z = \frac{m}{2} + 1$$

を代入する。すると

$$\Gamma\left(\frac{m}{2}+1\right) = \left(\frac{1}{2}\right)^{\frac{m}{2}+1} \int_0^\infty x^{\frac{m}{2}} \exp\left(-\frac{x}{2}\right) dx$$

となる。したがって

$$E[\,x\,] = \int_0^\infty K_m\, x^{\frac{m}{2}} \exp\left(-\frac{x}{2}\right) dx = K_m 2^{\frac{m}{2}+1}\, \Gamma\left(\frac{m}{2}+1\right)$$

のように変形できる。ここで係数は

$$K_m = \frac{1}{2^{\frac{m}{2}}\, \Gamma\left(\frac{m}{2}\right)}$$

であったから、これを代入すると

$$E[\,x\,] = 2^{\frac{m}{2}+1}\, \Gamma\left(\frac{m}{2}+1\right) \Big/ 2^{\frac{m}{2}}\, \Gamma\left(\frac{m}{2}\right)$$

となるが、ガンマ関数の漸化式

$$\Gamma(x+1) = x\,\Gamma(x)$$

を利用すると

$$\Gamma\left(\frac{m}{2}+1\right) = \frac{m}{2}\Gamma\left(\frac{m}{2}\right)$$

となるので

$$E[\,x\,] = 2^{\frac{m}{2}+1}\, \Gamma\left(\frac{m}{2}+1\right) \Big/ 2^{\frac{m}{2}}\, \Gamma\left(\frac{m}{2}\right) = 2 \times \frac{m}{2} = m$$

となる。

このように、χ^2 分布の期待値、すなわち平均は自由度 m になる。この理由を考えてみよう。χ^2 は

$$\chi^2 = \sum_{i=1}^{n} \frac{(x_i - \bar{x})^2}{\sigma^2} = n\frac{V}{\sigma^2}$$

と与えられる。ここで、この期待値は、不偏推定値となる。ところで、すでに紹介したように、母分散 σ^2 の不偏推定値は、標本分散 V と

$$\hat{\sigma}^2 = \frac{n}{n-1}V$$

の関係にあるのであった。ただし、n は標本数である。したがって χ^2 分布の期待値は

$$E\left[\chi^2\right] = n\frac{V}{\hat{\sigma}^2} = nV \Big/ \frac{n}{n-1}V = n-1$$

となり、結局、自由度 $m = n-1$ となるのである。

12. 5. χ^2 分布の分散

それでは χ^2 分布の分散を求めてみよう。この場合

$$E\left[(x-\mu)^2\right] = \int_{-\infty}^{+\infty} (x-\mu)^2 f(x)\,dx$$

を計算すればよかった。よって χ^2 分布では

$$E\left[(x-\mu)^2\right] = \int_0^{\infty} (x-\mu)^2 K_m\, x^{\frac{m}{2}-1} \exp\left(-\frac{x}{2}\right) dx$$

となる。ここで

$$(x-\mu)^2 = x^2 - 2\mu x + \mu^2$$

と展開すると

$$E\left[(x-\mu)^2\right] = \int_{-\infty}^{+\infty} (x-\mu)^2 f(x)\,dx$$

$$= K_m \left\{ \int_0^{\infty} x^{\frac{m}{2}+1} \exp\left(-\frac{x}{2}\right) dx - 2m \int_0^{\infty} x^{\frac{m}{2}} \exp\left(-\frac{x}{2}\right) dx + m^2 \int_0^{\infty} x^{\frac{m}{2}-1} \exp\left(-\frac{x}{2}\right) dx \right\}$$

となる。

演習 12-7　これら積分を、ガンマ関数を使って表現せよ。

解）　ガンマ関数は

$$\Gamma(t)=\left(\frac{1}{2}\right)^t\int_0^\infty x^{t-1}\ \exp\left(-\frac{x}{2}\right)dx$$

であったので

$$2^t\,\Gamma(t)=\int_0^\infty x^{t-1}\ \exp\left(-\frac{x}{2}\right)dx$$

となる。したがって

$$E\left[\,(x-\mu)^2\right]=2^{\frac{m}{2}+2}K_m\ \Gamma\left(\frac{m}{2}+2\right)-2^{\frac{m}{2}+1}2mK_m\ \Gamma\left(\frac{m}{2}+1\right)+2^{\frac{m}{2}}m^2K_m\ \Gamma\left(\frac{m}{2}\right)$$

となる。

あとは、ガンマ関数の漸化式

$$\Gamma(t+1)=t\,\Gamma(t)$$

を使って変形していけばよい。

演習 12-8　ガンマ関数を利用して $E\left[\,(x-\mu)^2\right]$ を計算せよ。

解）　漸化式より

$$\Gamma\left(\frac{m}{2}+1\right)=\frac{m}{2}\Gamma\left(\frac{m}{2}\right)$$

$$\Gamma\left(\frac{m}{2}+2\right)=\left(\frac{m}{2}+1\right)\Gamma\left(\frac{m}{2}+1\right)=\left(\frac{m}{2}+1\right)\left(\frac{m}{2}\right)\Gamma\left(\frac{m}{2}\right)$$

という関係が成立する。よって

$$E\left[\,(x-\mu)^2\right]=2^{\frac{m}{2}}K_m\ \Gamma\left(\frac{m}{2}\right)\left\{4\left(\frac{m}{2}+1\right)\left(\frac{m}{2}\right)-4m\left(\frac{m}{2}\right)+m^2\right\}=2m2^{\frac{m}{2}}K_m\ \Gamma\left(\frac{m}{2}\right)$$

となる。ここで

$$K_m = \frac{1}{2^{\frac{m}{2}} \Gamma\left(\frac{m}{2}\right)}$$

であったから、結局

$$E\left[(x-\mu)^2\right] = 2m$$

となる。

結局、χ^2 分布の分散の期待値は $2m$ となる。さて、最後に、χ^2 分布を検定に使う際の注意点を挙げていこう。まず、χ^2 は

$$\chi^2 = n\frac{V}{\sigma^2}$$

となるが、V は、大きい側にも、小さい側にも、ずれる可能性がある。したがって、両側検定が必要となるのである。

12. 6. 標準偏差の不偏推定値

それでは、宿題であった標準偏差の不偏推定値を求めることにしよう。

母分散の不偏推定値は

$$s^2 = \frac{(x_1-\bar{x})^2 + \ldots + (x_n-\bar{x})^2}{n-1}$$

であった。よって、標準偏差は

$$s = \sqrt{\frac{(x_1-\bar{x})^2 + \ldots + (x_n-\bar{x})^2}{n-1}}$$

となる。ただし、その不偏推定値は、確率分布の期待値によって与えられる。このとき、σ は平方根となっているため、項別分解はできないので

$$(x_1-\bar{x})^2 + \ldots + (x_n-\bar{x})^2$$

という和が従う確率分布を利用する必要がある。ここで

$$\chi^2 = \frac{(x_1 - \bar{x})^2 + ... + (x_n - \bar{x})^2}{\sigma^2}$$

は、自由度 $m\,(= n-1)$ の χ^2 分布の確率密度関数に従う。この確率変数を y と置くと

$$s = \sqrt{\frac{\sigma^2}{n-1} y}$$

の期待値を求めればよいことになる。

ここで、自由度 m の χ^2 分布の確率密度関数の一般式は

$$f(y) = \frac{1}{2^{\frac{m}{2}} \Gamma\left(\frac{m}{2}\right)} y^{\frac{m}{2}-1} \exp\left(-\frac{y}{2}\right)$$

となる。$m = n-1$ であるから

$$f(y) = \frac{1}{2^{\frac{n-1}{2}} \Gamma\left(\frac{n-1}{2}\right)} y^{\frac{n-1}{2}-1} \exp\left(-\frac{y}{2}\right)$$

となる。したがって

$$E[s] = E\left[\sqrt{\frac{\sigma^2}{n-1} y}\right] = \int_0^\infty \sqrt{\frac{\sigma^2}{n-1} y} f(y)\, dy$$

を計算すれば、標準偏差の不偏推定値が得られることになる。

演習 12-9　つぎの積分を計算せよ。

$$\int_0^\infty \sqrt{\frac{\sigma^2}{n-1} y} f(y)\, dy$$

解）

$$f(y) = \frac{1}{2^{\frac{n-1}{2}} \Gamma\left(\frac{n-1}{2}\right)} y^{\frac{n-1}{2}-1} \exp\left(-\frac{y}{2}\right)$$

であるから

$$\int_0^\infty \sqrt{\frac{\sigma^2}{n-1}y}\,f(y)\,dy = \int_0^\infty \sqrt{\frac{\sigma^2}{n-1}y}\,\frac{1}{2^{\frac{n-1}{2}}\Gamma\left(\frac{n-1}{2}\right)}y^{\frac{n-1}{2}-1}\exp\left(-\frac{y}{2}\right)dy$$

$$= \sqrt{\frac{\sigma^2}{n-1}}\,\frac{1}{2^{\frac{n-1}{2}}\Gamma\left(\frac{n-1}{2}\right)}\int_0^\infty y^{\frac{n}{2}-1}\exp\left(-\frac{y}{2}\right)dy$$

となる。

ここで、自由度 m の χ^2 分布の確率密度関数は

$$f(y) = \frac{1}{2^{\frac{m}{2}}\Gamma\left(\frac{m}{2}\right)}y^{\frac{m}{2}-1}\exp\left(-\frac{y}{2}\right)$$

であるから、確率密度関数の性質から

$$\int_0^\infty f(y)\,dy = \int_0^\infty \frac{1}{2^{\frac{m}{2}}\Gamma\left(\frac{m}{2}\right)}y^{\frac{m}{2}-1}\exp\left(-\frac{y}{2}\right)dy = 1$$

となる。よって

$$\int_0^\infty y^{\frac{m}{2}-1}\exp\left(-\frac{y}{2}\right)dy = 2^{\frac{m}{2}}\Gamma\left(\frac{m}{2}\right)$$

と与えられる。したがって

$$\int_0^\infty \sqrt{\frac{\sigma^2}{n-1}y}\,f(y)\,dy = \sqrt{\frac{\sigma^2}{n-1}}\,\frac{1}{2^{\frac{n-1}{2}}\Gamma\left(\frac{n-1}{2}\right)}\,2^{\frac{n}{2}}\Gamma\left(\frac{n}{2}\right)$$

$$= \sqrt{\frac{2\sigma^2}{n-1}}\,\frac{\Gamma\left(\frac{n}{2}\right)}{\Gamma\left(\frac{n-1}{2}\right)}$$

となる。

以上から、標準偏差の不偏推定値は

$$E[s] = E\left[\sqrt{\frac{\sigma^2}{n-1}y}\right] = \sqrt{\frac{2\sigma^2}{n-1}}\ \frac{\Gamma\left(\frac{n}{2}\right)}{\Gamma\left(\frac{n-1}{2}\right)}$$

から

$$E[s] = \sqrt{\frac{2}{n-1}}\frac{\Gamma\left(\frac{n}{2}\right)}{\Gamma\left(\frac{n-1}{2}\right)}\sigma$$

となる。したがって、σ は標準偏差の不偏推定値ではなく、標本数が n の場合

$$C_n = \sqrt{\frac{2}{n-1}}\frac{\Gamma\left(\frac{n}{2}\right)}{\Gamma\left(\frac{n-1}{2}\right)}$$

の補正が必要になる。標本数が $n = 3$ の場合には

$$C_3 = \sqrt{\frac{2}{3-1}}\frac{\Gamma\left(\frac{3}{2}\right)}{\Gamma\left(\frac{3-1}{2}\right)} = \frac{\Gamma\left(\frac{3}{2}\right)}{\Gamma(1)} = \frac{\sqrt{\pi}}{2} \cong 0.886$$

となるが、標本数が $n = 10$ では

$$C_{10} = \frac{\sqrt{2}}{3}\frac{\Gamma(5)}{\Gamma\left(\frac{9}{2}\right)} = \frac{128}{105}\sqrt{\frac{2}{\pi}} \cong 0.973$$

となり、標本数が増えれば、補正の必要のないことがわかる。

第 13 章　F 分布の確率密度関数

異なる正規母集団 A, B の分散を、それぞれの集団から取り出した標本データをもとに相対比較したい場合に用いられるのが F 分布である。

このとき、F 分布は

$$F\,(\phi_{\mathrm{A}}, \phi_{\mathrm{B}}) = \frac{{\chi_{\mathrm{A}}}^2}{\phi_{\mathrm{A}}} \bigg/ \frac{{\chi_{\mathrm{B}}}^2}{\phi_{\mathrm{B}}}$$

のように、χ^2 分布の比として与えられる。ただし、ϕ_{A} および ϕ_{B} は、それぞれの χ^2 分布の自由度である。すでに紹介したように、χ^2 は

$$\chi^2(\phi = n-1) = \sum_{i=1}^{n} \frac{(x_i - \bar{x})^2}{\sigma^2}$$

のように自由度 ϕ で変化する。よって、自由度の異なる集団を比較するときには、自由度で割って規格化する必要がある。

13. 1.　F 分布の確率密度関数

それでは、F 分布の確率密度関数 $f(x)$ はどうなるのであろうか。これ以降は、数式展開のために、自由度は p, q と表示することにする。

まず、この分布は、分散の比であるから、その定義域は $x \geq 0$ である。そして、自由度 (p, q) の F 分布の確率密度関数 $f(x)$ は

$$f(x) = F_{p,q} \frac{x^{\frac{p}{2}-1}}{\left(1 + \dfrac{p}{q} x\right)^{\frac{p+q}{2}}}$$

と与えられる。ここで、$F_{p,q}$ は定数であり

$$F_{p,q} = \frac{\Gamma\left(\dfrac{p+q}{2}\right)}{\Gamma\left(\dfrac{p}{2}\right)\Gamma\left(\dfrac{q}{2}\right)}\left(\frac{p}{q}\right)^{\frac{p}{2}}$$

のようにガンマ関数の比として与えられる。

演習 13-1　$p=3, q=2$ の場合の定数項を求めよ。

解）　$F_{p,q} = \dfrac{\Gamma\left(\dfrac{p+q}{2}\right)}{\Gamma\left(\dfrac{p}{2}\right)\Gamma\left(\dfrac{q}{2}\right)}\left(\dfrac{p}{q}\right)^{\frac{p}{2}}$ の p, q に 3, 2 を代入すると

$$F_{3,2} = \frac{\Gamma\left(\dfrac{5}{2}\right)}{\Gamma\left(\dfrac{3}{2}\right)\Gamma\left(\dfrac{2}{2}\right)}\left(\frac{3}{2}\right)^{\frac{3}{2}} = \frac{\Gamma\left(\dfrac{5}{2}\right)}{\Gamma\left(\dfrac{3}{2}\right)\Gamma(1)}(1.5)^{1.5}$$

となる。

ここで、ガンマ関数の漸化式から

$$\Gamma\left(\frac{5}{2}\right) = \frac{3}{2}\Gamma\left(\frac{3}{2}\right)$$

となる。さらに、$\Gamma(1)=1$ であったから、結局

$$F_{3,2} = \frac{\dfrac{3}{2}\Gamma\left(\dfrac{3}{2}\right)}{\Gamma\left(\dfrac{3}{2}\right)}(1.5)^{1.5} = 2.76$$

となり、定数項 $F_{3,2}$ は 2.76 と与えられる。

よって、$p=3, q=2$ の場合の確率密度関数は

$$f(x) = F_{p,q} \frac{x^{\frac{p}{2}-1}}{\left(1+\frac{p}{q}x\right)^{\frac{p+q}{2}}} = F_{3,2} \frac{x^{\frac{3}{2}-1}}{\left(1+\frac{3}{2}x\right)^{\frac{5}{2}}} = 2.76\ x^{\frac{1}{2}} \left(1+\frac{3}{2}x\right)^{-\frac{5}{2}}$$

となる。この関数をプロットすると図 13-1 のようになる。

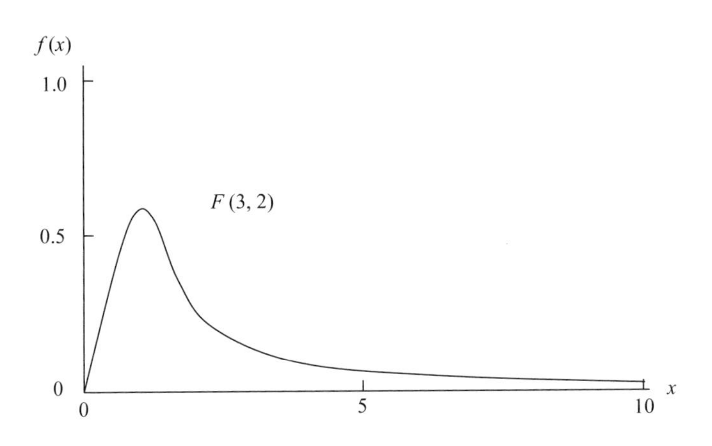

図 13-1　自由度が (3, 2) の F 分布

これが自由度 (3, 2) の F 分布である。このように、一般式の見た目は複雑であるが、実際に数値を代入して計算してみると、比較的簡単なグラフとなることがわかる。

演習 13-2　自由度が (2, 3) の F 分布の確率密度関数を求めグラフを描け。

解)　まず定数項から求めると

$$F_{2,3} = \frac{\Gamma\left(\frac{2+3}{2}\right)}{\Gamma\left(\frac{2}{2}\right)\Gamma\left(\frac{3}{2}\right)}\left(\frac{2}{3}\right)^{\frac{2}{2}} = \frac{\Gamma\left(\frac{5}{2}\right)}{\Gamma(1)\Gamma\left(\frac{3}{2}\right)}\left(\frac{2}{3}\right) = \frac{\frac{3}{2}\Gamma\left(\frac{3}{2}\right)}{\Gamma(1)\Gamma\left(\frac{3}{2}\right)}\left(\frac{2}{3}\right) = 1$$

となって 1 となる。よって確率密度関数は

$$f(x) = F_{2,3} \frac{x^{\frac{2}{2}-1}}{\left(1+\frac{2}{3}x\right)^{\frac{2+3}{2}}} = \left(1+\frac{2}{3}x\right)^{-\frac{5}{2}}$$

と与えられ、グラフは図 13-2 のようになる。

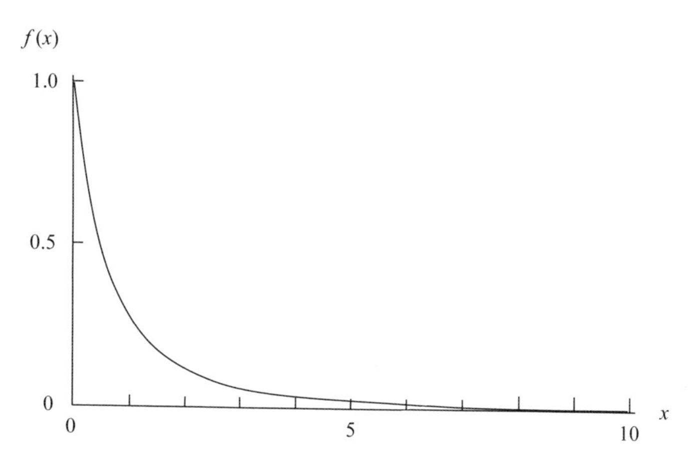

図 13-2　自由度が (2, 3) の F 分布

それでは F 分布の確率密度関数について、少し考察を加えてみよう。まず、一般式に $p=1$ を代入すると

$$f(x) = F_{p,q} \frac{x^{\frac{p}{2}-1}}{\left(1+\frac{p}{q}x\right)^{\frac{p+q}{2}}} = F_{1,q} \frac{x^{-\frac{1}{2}}}{\left(1+\frac{x}{q}\right)^{\frac{q+1}{2}}} = F_{1,q}\, x^{-\frac{1}{2}} \left(1+\frac{x}{q}\right)^{-\frac{q+1}{2}}$$

となる。

ここで t 分布の確率密度関数をあらためて示すと

$$f(x) = T_n \left(1+\frac{x^2}{n}\right)^{-\frac{n+1}{2}}$$

となって、よく似ていることがわかる。ここにヒントがある。

演習 13-3　$p=1$ の場合、つまり、自由度 $(1, q)$ の F 分布に対応した確率密度関数の定数 $F_{p,q}$ を求めよ。

解）　$F_{p,q} = \dfrac{\Gamma\left(\dfrac{p+q}{2}\right)}{\Gamma\left(\dfrac{p}{2}\right)\Gamma\left(\dfrac{q}{2}\right)}\left(\dfrac{p}{q}\right)^{\frac{p}{2}}$ に $p=1$ を代入すると

$$F_{1,q} = \frac{\Gamma\left(\dfrac{1+q}{2}\right)}{\Gamma\left(\dfrac{1}{2}\right)\Gamma\left(\dfrac{q}{2}\right)}\left(\frac{1}{q}\right)^{\frac{1}{2}} = \frac{\Gamma\left(\dfrac{q+1}{2}\right)}{\sqrt{q\pi}\,\Gamma\left(\dfrac{q}{2}\right)}$$

となる。

ところで、自由度 n の t 分布の定数項は

$$T_n = \frac{\Gamma\left(\dfrac{n+1}{2}\right)}{\sqrt{n\pi}\,\Gamma\left(\dfrac{n}{2}\right)}$$

であった。これを見ると、自由度 $(1, q)$ の F 分布の定数項の q に n を代入したものと、まったく同じである。

13. 2.　F 分布と t 分布

実は、t 分布に従う確率変数 x に対して

$$y = x^2$$

と置き換えた分布が $F(1, n)$ 分布なのである。t 分布において、区間 $a \leq x \leq b$ に対応する積分は

$$P(a \leq x \leq b) = \int_a^b T_n\left(1+\frac{x^2}{n}\right)^{-\frac{n+1}{2}} dx$$

となる。ただし、$b>a>0$ とする。

演習 13- 4　この積分において、$y=x^2$ と変数変換せよ。

解）　$dy = 2x\,dx$　　$dx = \dfrac{1}{2x}dy = \dfrac{1}{2\sqrt{y}}dy$ となる。また、積分範囲は $a^2 \le y \le b^2$ へと変わる。よって

$$\int_a^b T_n\left(1+\frac{x^2}{n}\right)^{-\frac{n+1}{2}}dx = \int_{a^2}^{b^2} T_n\left(1+\frac{y}{n}\right)^{-\frac{n+1}{2}}\frac{1}{2\sqrt{y}}dy$$

と変形できる。ここで、右辺の被積分関数を整理すると

$$T_n\left(1+\frac{y}{n}\right)^{-\frac{n+1}{2}}\frac{1}{2\sqrt{y}} = \frac{1}{2}T_n\,y^{-\frac{1}{2}}\left(1+\frac{y}{n}\right)^{-\frac{n+1}{2}}$$

となる。したがって

$$P(a^2 \le y \le b^2) = \frac{T_n}{2}\int_{a^2}^{b^2} y^{-\frac{1}{2}}\left(1+\frac{y}{n}\right)^{-\frac{n+1}{2}}dy$$

となる。

よって

$$\int_a^b T_n\left(1+\frac{x^2}{n}\right)^{-\frac{n+1}{2}}dx = \frac{1}{2}\int_{a^2}^{b^2} T_n\,y^{-\frac{1}{2}}\left(1+\frac{y}{n}\right)^{-\frac{n+1}{2}}dy$$

のように、右辺に係数 1/2 がついている。この理由は簡単で

$$P(-b \le x \le -a) = \int_{-b}^{-a} T_n\left(1+\frac{x^2}{n}\right)^{-\frac{n+1}{2}}dx$$

もカウントする必要があるからである。

つまり

$$P(a^2 \le y \le b^2) = P(a \le x \le b) + P(-b \le x \le -a)$$

という関係にある。

演習 13-5　$b > a > 0$ とするとき $P(-b \le x \le -a)$ を $y = x^2$ と変数変換した場合の被積分関数を求めよ。

解）　$y = x^2$ と置いたとき、$y = a^2$ には $x = \pm a$ が対応する。負の場合には

$$dx = -\frac{1}{2\sqrt{y}}dy$$

となり

$$P(-b \le x \le -a) = \int_{-b}^{-a} T_n \left(1 + \frac{x^2}{n}\right)^{-\frac{n+1}{2}} dx = \int_{b^2}^{a^2} T_n \left(1 + \frac{y}{n}\right)^{-\frac{n+1}{2}} \left(-\frac{1}{2\sqrt{y}}\right) dy$$

$$= \int_{a^2}^{b^2} T_n \left(1 + \frac{y}{n}\right)^{-\frac{n+1}{2}} \left(\frac{1}{2\sqrt{y}}\right) dy$$

この被積分関数を整理すると

$$T_n \left(1 + \frac{y}{n}\right)^{-\frac{n+1}{2}} \frac{1}{2\sqrt{y}} = \frac{1}{2} T_n\, y^{-\frac{1}{2}} \left(1 + \frac{y}{n}\right)^{-\frac{n+1}{2}}$$

となって、正の領域で計算したものと、同じになる。

ここで、$F(p, q)$ の確率密度関数は

$$f(x) = F_{p,q} \frac{x^{\frac{p}{2}-1}}{\left(1 + \frac{p}{q}x\right)^{\frac{p+q}{2}}}$$

であったので、$F(1, n)$ の確率密度関数は

$$h(y) = F_{1,n} \frac{y^{\frac{1}{2}-1}}{\left(1+\frac{1}{n}y\right)^{\frac{1+n}{2}}} = F_{1,n}\, y^{-\frac{1}{2}}\left(1+\frac{y}{n}\right)^{-\frac{n+1}{2}}$$

となる。ここで、演習 13-3 で確認したように

$$T_n = F_{1,n}$$

であったので

$$f(y) = T_n\, y^{-\frac{1}{2}}\left(1+\frac{y}{n}\right)^{-\frac{n+1}{2}}$$

となる。

これは、まさに、いま求めた確率密度関数に一致する。

ここで、第 9 章の相関の検定で利用した $F(1, n-2)$ に従う確率変数 y が、$y = x^2$ という対応関係にあるとき、確率変数 x は自由度が $n-2$ の t 分布に従うということを理解いただけたと思う。

13. 3.　F 分布の期待値

確率変数 x の平均は、確率密度関数を $f(x)$ とするとき

$$E[x] = \int_0^{+\infty} x\, f(x)\, dx$$

のような期待値によって与えられるのであった。

自由度 (p, q) の F 分布の確率密度関数は

$$f(x) = F_{p,q} \frac{x^{\frac{p}{2}-1}}{\left(1+\frac{p}{q}x\right)^{\frac{p+q}{2}}} \qquad F_{p,q} = \frac{\Gamma\left(\frac{p+q}{2}\right)}{\Gamma\left(\frac{p}{2}\right)\Gamma\left(\frac{q}{2}\right)}\left(\frac{p}{q}\right)^{\frac{p}{2}}$$

と与えられる。したがって

$$E[x]=\int_0^{+\infty} x F_{p,q} \frac{x^{\frac{p}{2}-1}}{\left(1+\frac{p}{q}x\right)^{\frac{p+q}{2}}} dx = F_{p,q} \int_0^{+\infty} \frac{x^{\frac{p}{2}}}{\left(1+\frac{p}{q}x\right)^{\frac{p+q}{2}}} dx$$

という積分となる。

被積分関数の分子分母に $q^{\frac{p+q}{2}}$ をかけると

$$\frac{q^{\frac{p+q}{2}} x^{\frac{p}{2}}}{(q+px)^{\frac{p+q}{2}}} = \frac{q^{\frac{q}{2}} (qx)^{\frac{p}{2}}}{(q+px)^{\frac{p+q}{2}}}$$

と変形できる。よって

$$E[x]=F_{p,q}\, q^{\frac{q}{2}} \int_0^{\infty} \frac{(qx)^{\frac{p}{2}}}{(q+px)^{\frac{p+q}{2}}} dx$$

となる。

演習 13-6　上記積分に $t=\dfrac{px}{q+px}$ という変数変換を施せ。

解）　$t=\dfrac{px}{q+px}$ という変数変換を行うと

$$(q+px)t = px \qquad qt = px(1-t) \qquad x=\frac{q}{p}\frac{t}{1-t}$$

となる。ここで両辺を微分すると

$$dx=\frac{q}{p}\frac{(t)'(1-t)-t\cdot(1-t)'}{(1-t)^2}dt=\frac{q}{p}\frac{1}{(1-t)^2}dt$$

また

$$q+px=q+p\frac{q}{p}\frac{t}{1-t}=q+q\frac{t}{1-t}=\frac{q}{1-t}$$

と変形でき、さらに積分範囲は $t = \dfrac{px}{q+px}$ より、$x=0$ のとき $t=0$、$x=\infty$ のとき、$\displaystyle\lim_{x\to\infty}\frac{px}{q+px} = \lim_{x\to\infty}\frac{p}{\frac{q}{x}+p} = \frac{p}{p} = 1$ より $t=1$ となる。よって

$$E[x] = F_{p,q}\, q^{\frac{q}{2}} \int_0^\infty \frac{(qx)^{\frac{p}{2}}}{(q+px)^{\frac{p+q}{2}}}dx = F_{p,q}\, q^{\frac{q}{2}} \int_0^1 \frac{\left(q\dfrac{q}{p}\dfrac{t}{1-t}\right)^{\frac{p}{2}}}{\left(\dfrac{q}{1-t}\right)^{\frac{p+q}{2}}} \frac{q}{p}\frac{1}{(1-t)^2}dt$$

ここで被積分関数を整理すると

$$\frac{\left(q\dfrac{q}{p}\dfrac{t}{1-t}\right)^{\frac{p}{2}}}{\left(\dfrac{q}{1-t}\right)^{\frac{p+q}{2}}} \frac{q}{p}\frac{1}{(1-t)^2} = \left(\frac{q^2}{p}\right)^{\frac{p}{2}} \left(\frac{1}{q}\right)^{\frac{p+q}{2}} \frac{q}{p} t^{\frac{p}{2}} \left(\frac{1}{1-t}\right)^{\frac{p}{2}} \left(\frac{1}{1-t}\right)^{-\frac{p+q}{2}} \left(\frac{1}{1-t}\right)^2$$

$$= \left(\frac{q}{p}\right)^{\frac{p}{2}} \left(\frac{1}{q}\right)^{\frac{q}{2}} \frac{q}{p} t^{\frac{p}{2}} \left(\frac{1}{1-t}\right)^{2-\frac{q}{2}} = \left(\frac{q}{p}\right)^{\frac{p}{2}+1} \left(\frac{1}{q}\right)^{\frac{q}{2}} t^{\frac{p}{2}} (1-t)^{\frac{q}{2}-2}$$

よって

$$E[x] = F_{p,q}\, q^{\frac{q}{2}} \int_0^1 \frac{\left(q\dfrac{q}{p}\dfrac{t}{1-t}\right)^{\frac{p}{2}}}{\left(\dfrac{q}{1-t}\right)^{\frac{p+q}{2}}} \frac{q}{p}\frac{1}{(1-t)^2}dt = F_{p,q}\left(\frac{q}{p}\right)^{\frac{p}{2}+1} \int_0^1 t^{\frac{p}{2}}(1-t)^{\frac{q}{2}-2}dt$$

と変形できる。

演習 13-7　上記の積分を $B(m,n) = \displaystyle\int_0^1 x^{m-1}(1-x)^{n-1}dx$ のかたちに変形せよ。

解）　ベータ関数は

$$B\,(m,n) = \int_0^1 x^{m-1}(1-x)^{n-1}\,dx$$

であったので

$$E\left[\,x\,\right] = F_{p,q}\left(\frac{q}{p}\right)^{\frac{p}{2}+1}\int_0^1 t^{\frac{p}{2}}(1-t)^{\frac{q}{2}-2}dt = F_{p,q}\left(\frac{q}{p}\right)^{\frac{p}{2}+1}\int_0^1 t^{\frac{p}{2}+1-1}(1-t)^{\frac{q}{2}-1-1}dt$$

$$= F_{p,q}\left(\frac{q}{p}\right)^{\frac{p}{2}+1} B\left(\frac{p}{2}+1,\ \frac{q}{2}-1\right)$$

となる。

あとは、ベータ関数とガンマ関数の性質を利用して計算を進めていけばよい。

ここで、自由度 (p, q) の F 分布の定数 $F_{p,q}$ およびベータ関数をガンマ関数で示すと

$$F_{p,q} = \frac{\Gamma\left(\dfrac{p+q}{2}\right)}{\Gamma\left(\dfrac{p}{2}\right)\Gamma\left(\dfrac{q}{2}\right)}\left(\frac{p}{q}\right)^{\frac{p}{2}} \qquad B\left(\frac{p}{2}+1,\ \frac{q}{2}-1\right) = \frac{\Gamma\left(\dfrac{p}{2}+1\right)\Gamma\left(\dfrac{q}{2}-1\right)}{\Gamma\left(\dfrac{p+q}{2}\right)}$$

となる。

演習 13-8　ガンマ関数の性質を利用して、$E\,[\,x\,]$ を計算せよ。

解）

$$F_{p,q}\left(\frac{q}{p}\right)^{\frac{p}{2}+1} B\left(\frac{p}{2}+1,\ \frac{q}{2}-1\right) = \frac{\Gamma\left(\dfrac{p+q}{2}\right)}{\Gamma\left(\dfrac{p}{2}\right)\Gamma\left(\dfrac{q}{2}\right)}\left(\frac{p}{q}\right)^{\frac{p}{2}}\left(\frac{q}{p}\right)^{\frac{p}{2}+1}\frac{\Gamma\left(\dfrac{p}{2}+1\right)\Gamma\left(\dfrac{q}{2}-1\right)}{\Gamma\left(\dfrac{p+q}{2}\right)}$$

$$= \left(\frac{q}{p} \right) \frac{\Gamma\left(\frac{p}{2} + 1 \right) \Gamma\left(\frac{q}{2} - 1 \right)}{\Gamma\left(\frac{p}{2} \right) \Gamma\left(\frac{q}{2} \right)}$$

ここでガンマ関数の漸化式から

$$\Gamma\left(\frac{p}{2} + 1 \right) = \frac{p}{2} \Gamma\left(\frac{p}{2} \right) \qquad \Gamma\left(\frac{q}{2} \right) = \left(\frac{q}{2} - 1 \right) \Gamma\left(\frac{q}{2} - 1 \right)$$

となるので、これを代入すると

$$E[x] = \left(\frac{q}{p} \right) \frac{\Gamma\left(\frac{p}{2} + 1 \right) \Gamma\left(\frac{q}{2} - 1 \right)}{\Gamma\left(\frac{p}{2} \right) \Gamma\left(\frac{q}{2} \right)} = \left(\frac{q}{p} \right) \frac{\frac{p}{2}}{\frac{q}{2} - 1} = \frac{q}{q-2}$$

と与えられる。

計算に苦労したが、結局、$F(p, q)$ 分布の平均は

$$E[x] = \frac{q}{q-2}$$

となる。不思議なことに、分子の自由度 p には依存しないのである。さらに、この式からわかるように、F 分布では $q \geq 3$ でなければ平均値が存在しないことになる。

13. 4.　F 分布の分散

それでは、つぎに、F 分布の分散を求めてみよう。確率変数の場合、分散は

$$V[x] = E\left[x^2 \right] - \left(E[x] \right)^2$$

によって与えられるのであった。すでに、$E[x]$ が求められているので、$E[x^2]$ を計算すればよいことになる。

演習 13-9　確率変数 x が自由度 (p, q) の F 分布に従うときの $E[x^2]$ をベータ関数のかたちで求めよ。

解）　自由度 (p, q) の F 分布の確率密度関数は

$$f(x) = F_{p,q} \frac{x^{\frac{p}{2}-1}}{\left(1+\frac{p}{q}x\right)^{\frac{p+q}{2}}} \qquad F_{p,q} = \frac{\Gamma\left(\frac{p+q}{2}\right)}{\Gamma\left(\frac{p}{2}\right)\Gamma\left(\frac{q}{2}\right)}\left(\frac{p}{q}\right)^{\frac{p}{2}}$$

で与えられる。平均はすでに求めているので、x^2 の期待値を求めてみよう。

$$E\left[x^2\right] = \int_0^{+\infty} x^2 F_{p,q} \frac{x^{\frac{p}{2}-1}}{\left(1+\frac{p}{q}x\right)^{\frac{p+q}{2}}} dx = F_{p,q}\int_0^{+\infty} \frac{x^{\frac{p}{2}+1}}{\left(1+\frac{p}{q}x\right)^{\frac{p+q}{2}}} dx$$

被積分関数の分子分母に $q^{\frac{p+q}{2}}$ をかけると

$$\frac{q^{\frac{p+q}{2}} x^{\frac{p}{2}+1}}{(q+px)^{\frac{p+q}{2}}} = \frac{q^{\frac{q}{2}-1}(qx)^{\frac{p}{2}+1}}{(q+px)^{\frac{p+q}{2}}}$$

と変形できる。よって

$$E\left[x^2\right] = F_{p,q}\, q^{\frac{q}{2}-1} \int_0^{\infty} \frac{(qx)^{\frac{p}{2}+1}}{(q+px)^{\frac{p+q}{2}}} dx$$

と与えられる。ここで、平均の場合と同様に

$$t = \frac{px}{q+px} \qquad x = \frac{q}{p}\frac{t}{1-t}$$

という変数変換を行う。すると

$$E\left[x^2\right] = F_{p,q}\, q^{\frac{q}{2}-1} \int_0^{\infty} \frac{(qx)^{\frac{p}{2}+1}}{(q+px)^{\frac{p+q}{2}}} dx = F_{p,q}\, q^{\frac{q}{2}-1} \int_0^{1} \frac{\left(q\frac{q}{p}\frac{t}{1-t}\right)^{\frac{p}{2}+1}}{\left(\frac{q}{1-t}\right)^{\frac{p+q}{2}}} \frac{q}{p}\frac{1}{(1-t)^2} dt$$

ここで被積分関数を整理すると

$$\frac{\left(q\dfrac{q}{p}\dfrac{t}{1-t}\right)^{\frac{p}{2}+1}}{\left(\dfrac{q}{1-t}\right)^{\frac{p+q}{2}}}\frac{q}{p}\frac{1}{(1-t)^2}=\left(\frac{q^2}{p}\right)^{\frac{p}{2}+1}\left(\frac{1}{q}\right)^{\frac{p+q}{2}}\frac{q}{p}t^{\frac{p}{2}+1}\left(\frac{1}{1-t}\right)^{\frac{p}{2}+1}\left(\frac{1}{1-t}\right)^{-\frac{p+q}{2}}\left(\frac{1}{1-t}\right)^{2}$$

$$=\frac{q^2}{p}\left(\frac{q}{p}\right)^{\frac{p}{2}}\left(\frac{1}{q}\right)^{\frac{q}{2}}\frac{q}{p}t^{\frac{p}{2}+1}\left(\frac{1}{1-t}\right)^{3-\frac{q}{2}}=\left(\frac{q}{p}\right)^{\frac{p}{2}+2}\left(\frac{1}{q}\right)^{\frac{q}{2}-1}t^{\frac{p}{2}+1}(1-t)^{\frac{q}{2}-3}$$

よって

$$E\left[x^2\right]=F_{p,q}\left(\frac{q}{p}\right)^{\frac{p}{2}+2}\int_0^1 t^{\frac{p}{2}+1}(1-t)^{\frac{q}{2}-3}\,dt$$

と変形できる。ここで、ベータ関数の標準形は

$$B(m,n)=\int_0^1 x^{m-1}(1-x)^{n-1}dx$$

であるので

$$E\left[x^2\right]=F_{p,q}\left(\frac{q}{p}\right)^{\frac{p}{2}+2}\int_0^1 t^{\frac{p}{2}+1}(1-t)^{\frac{q}{2}-3}dt=F_{p,q}\left(\frac{q}{p}\right)^{\frac{p}{2}+2}\int_0^1 t^{\frac{p}{2}+2-1}(1-t)^{\frac{q}{2}-2-1}dt$$

$$=F_{p,q}\left(\frac{q}{p}\right)^{\frac{p}{2}+2}B\left(\frac{p}{2}+2,\ \frac{q}{2}-2\right)$$

となる。

ここで、$F_{p,q}$ およびベータ関数をガンマ関数で表現すると

$$F_{p,q}=\frac{\Gamma\left(\dfrac{p+q}{2}\right)}{\Gamma\left(\dfrac{p}{2}\right)\Gamma\left(\dfrac{q}{2}\right)}\left(\frac{p}{q}\right)^{\frac{p}{2}}\qquad B\left(\frac{p}{2}+2,\frac{q}{2}-2\right)=\frac{\Gamma\left(\dfrac{p}{2}+2\right)\Gamma\left(\dfrac{q}{2}-2\right)}{\Gamma\left(\dfrac{p+q}{2}\right)}$$

となる。よって、後は、ガンマ関数の性質を利用すれば計算が可能となる。

演習 13-10　ガンマ関数の性質を利用して、$E[x^2]$ を計算せよ。

解）

$$E\left[x^2\right]=F_{p,q}\left(\frac{q}{p}\right)^{\frac{p}{2}+2}B\left(\frac{p}{2}+2,\ \frac{q}{2}-2\right)$$

$$=\frac{\Gamma\left(\dfrac{p+q}{2}\right)}{\Gamma\left(\dfrac{p}{2}\right)\Gamma\left(\dfrac{q}{2}\right)}\left(\frac{p}{q}\right)^{\frac{p}{2}}\left(\frac{q}{p}\right)^{\frac{p}{2}+2}\frac{\Gamma\left(\dfrac{p}{2}+2\right)\Gamma\left(\dfrac{q}{2}-2\right)}{\Gamma\left(\dfrac{p+q}{2}\right)}$$

$$=\left(\frac{q}{p}\right)^2\frac{\Gamma\left(\dfrac{p}{2}+2\right)\Gamma\left(\dfrac{q}{2}-2\right)}{\Gamma\left(\dfrac{p}{2}\right)\Gamma\left(\dfrac{q}{2}\right)}$$

ここでガンマ関数の漸化式を思い出すと

$$\Gamma\left(\frac{p}{2}+2\right)=\left(\frac{p}{2}+1\right)\frac{p}{2}\Gamma\left(\frac{p}{2}\right)\qquad \Gamma\left(\frac{q}{2}\right)=\left(\frac{q}{2}-1\right)\left(\frac{q}{2}-2\right)\Gamma\left(\frac{q}{2}-2\right)$$

であったから、これを代入すると

$$E[x^2]=\left(\frac{q}{p}\right)^2\frac{\Gamma\left(\dfrac{p}{2}+2\right)\Gamma\left(\dfrac{q}{2}-2\right)}{\Gamma\left(\dfrac{p}{2}\right)\Gamma\left(\dfrac{q}{2}\right)}=\left(\frac{q}{p}\right)^2\frac{\left(\dfrac{p}{2}+1\right)\dfrac{p}{2}}{\left(\dfrac{q}{2}-1\right)\left(\dfrac{q}{2}-2\right)}$$

$$=\frac{q^2(p+2)}{p(q-2)(q-4)}$$

となる。

F 分布における $E[x^2]$, $E[x]$ が得られたので、その確率変数の分散 $V[x]$ を求めることが可能となる。

演習 13-11　自由度 (p, q) の F 分布に従う確率密度関数 $f(x)$ の分散 $V[x]$ を求めよ。

解）

$$V[x] = E[x^2] - (E[x])^2 = \frac{q^2(p+2)}{p(q-2)(q-4)} - \left(\frac{q}{q-2}\right)^2$$

$$= \frac{q^2(p+2)(q-2) - pq^2(q-4)}{p(q-2)^2(q-4)} = \frac{q^2\{(p+2)(q-2) - p(q-4)\}}{p(q-2)^2(q-4)}$$

$$= \frac{2q^2(p+q-2)}{p(q-2)^2(q-4)}$$

となる。

この式からわかるように、F 分布の分散は $q \geq 5$ でなければ計算することができないことがわかる。

著者紹介

村上　雅人

理工数学研究所　所長　工学博士
2012年より2021年まで芝浦工業大学学長
2021年より岩手県DXアドバイザー、数学検定協会評議員、日本工学アカデミー理事
2023年より情報・システム研究機構監事
著書「大学をいかに経営するか」（飛翔舎）
「低炭素社会を問う」「エネルギー問題を斬る」「SDGsを吟味する」（飛翔舎）
「統計力学－基礎編」「統計力学－応用編」（飛翔舎）
など多数

井上　和朗

物質・材料研究機構　研究業務員　博士（工学）
1998年－2006年　（財）国際超電導産業技術研究センター超電導工学研究所
2006年－2008年　物質・材料研究機構　特別研究員
2013年－2018年　芝浦工業大学工学部材料工学科特任教授

小林　忍

理工数学研究所　主任研究員
著書「超電導の謎を解く」（C&R研究所）
「低炭素社会を問う」（飛翔舎）
「エネルギー問題を斬る」（飛翔舎）
「SDGsを吟味する」（飛翔舎）
「統計力学－基礎編」「統計力学－応用編」（飛翔舎）
監修「テクノジーのしくみとはたらき図鑑」（創元社）

―理工数学シリーズ―

回帰分析

2023年　9月　30日　第1刷　発行

発行所：合同会社飛翔舎 https://www.hishosha.com
住所：東京都杉並区荻窪三丁目16番16号
電話：03-5930-7211　FAX：03-6240-1457
E-mail: info@hishosha.com

編集協力：小林信雄、吉本由紀子
組版：井上和朗、小林忍
印刷製本：株式会社シナノパブリッシングプレス

ISBN:978-4-910879-07-9　　C3041